高等职业院校精品教材系列

建筑 CAD 案例教程

主　审　李英俊

主　编　王　蕊

副主编　冯永明　王　璐　侯虹霞　石书羽

参　编　齐安智　侯　琳　王祎男　杨孝禹

電子工業出版社

Publishing House of Electronics Industry

北京・BEIJING

内 容 简 介

本书结合高职院校建筑类专业的特点，采用“项目教学法”组织教学，介绍AutoCAD软件的操作技能与应用技巧，内容根据岗位技能要求分为三个篇章，共11个项目。其中基础篇，介绍绘图前的准备工作，通过多个实例的绘制让学习者掌握AutoCAD中常用的绘图和修改命令及相关操作方法；建筑施工图篇，介绍建筑施工图中建筑平面图、建筑立面图、建筑剖面图及建筑详图的绘制过程和要点；结构施工图篇，介绍基础平面配筋图、柱平面配筋图、梁平面配筋图、板平面配筋图、楼梯配筋图的绘制过程和要点。本书中对建筑施工图和结构施工图的绘制，均以一套完整的施工图为例，内容通俗易懂，突出教学内容的实用性。

本书为高等职业本专科院校建筑类专业相应课程的教材，也可作为开放大学、成人教育、自学考试、中职学校和培训班的教材，以及建筑工程技术人员的参考书。

本书配有免费的电子教学课件、实训任务指导步骤等，详见前言。

未经许可，不得以任何方式复制或抄袭本书之部分或全部内容。
版权所有，侵权必究。

图书在版编目（CIP）数据

建筑CAD案例教程/王蕊主编. —北京：电子工业出版社，2017.1（2024年12月重印）
全国高等院校规划教材. 精品与示范系列
ISBN 978-7-121-29778-6

Ⅰ. ①建… Ⅱ. ①王… Ⅲ. ①建筑设计－计算机辅助设计－AutoCAD软件－高等学校－教材
Ⅳ. ①TU201.4

中国版本图书馆CIP数据核字（2016）第198244号

策划编辑：陈健德（E-mail：chenjd@phei.com.cn）
责任编辑：徐 萍
印 刷：北京盛通数码印刷有限公司
装 订：北京盛通数码印刷有限公司
出版发行：电子工业出版社
北京市海淀区万寿路173信箱 邮编 100036
开 本：787×1 092 1/16 印张：10.5 字数：269千字
版 次：2017年1月第1版
印 次：2024年12月第9次印刷
定 价：32.00元

凡所购买电子工业出版社图书有缺损问题，请向购买书店调换。若书店售缺，请与本社发行部联系，联系及邮购电话：（010）88254888，88258888。

质量投诉请发邮件至zlts@phei.com.cn，盗版侵权举报请发邮件至dbqq@phei.com.cn。
本书咨询联系方式：chenjd@phei.com.cn。

前言

我国建筑业在近些年取得了长足发展，各类建筑如雨后春笋般拔地而起，建筑行业需要大量的技能型人才，采用 CAD 进行绘图与识图已成为行业人才的基本要求。为此，高职院校的多个专业都开设了本门课程。本书根据国家职业教育新的教学改革要求，在近几年取得的课程改革成果的基础上进行编写。

本书结合高职院校建筑类专业的特点，采用“项目教学法”组织教学，着重介绍 AutoCAD 软件的操作技能与应用技巧。在教学过程中，按照国家建筑行业的制图标准与规范要求，突出建筑图纸的绘制方法训练，精简 AutoCAD 软件操作的相关内容，将相关的工程知识融入到项目设计中，边学边画，边画边练，具有针对性和操作性强的特点。

本书将课程知识点穿插在许多项目中，从多个精选建筑构件的绘制，到一套完整的建筑工程图纸绘制，由简单到复杂，条理清晰，步骤明确，符合学习规律，使读者能更好地掌握建筑施工图和结构施工图等不同类型图纸的绘制方法与步骤，快速掌握绘制符合国家制图标准和专业规范的建筑图纸的技巧及岗位技能。

本书内容根据岗位技能要求分为三个篇章，共 11 个项目。其中基础篇，介绍绘图前的准备工作，通过多个实例的绘制让学习者掌握 AutoCAD 中常用的绘图和修改命令及相关操作方法；建筑施工图篇，介绍建筑施工图中建筑平面图、建筑立面图、建筑剖面图及建筑详图的绘制过程和要点；结构施工图篇，介绍基础平面配筋图、柱平面配筋图、梁平面配筋图、板平面配筋图、楼梯配筋图的绘制过程和要点。本书中对建筑施工图和结构施工图的绘制，均以一套完整的施工图为例，内容通俗易懂，突出教学内容的实用性。

本书编者王蕊、冯永明、侯虹霞等人，多年从事 AutoCAD 课程教学与研究工作，并具有丰富的企业工程设计实践经验；编者王璐、王祎男是专业的建筑工程制图人员，长期应用 AutoCAD 软件进行建筑工程设计，对建筑类图纸的绘制方法有独到见解。

本书在编写过程中难免存在疏漏或不妥之处，衷心希望读者给予批评指正。

为方便教学，本书配有免费的电子教学课件、实训任务指导步骤，请有需要的教师登录华信教育资源网（http://www.hxedu.com.cn）免费注册后进行下载，如有问题请在网站留言或与电子工业出版社联系（E-mail: hxedu@phei.com.cn）。

编　者

目　录

基 础 篇

建筑施工图篇

基础篇

本篇介绍 AutoCAD 软件的相关操作、绘图界面组成、视图控制、绘图环境设置等基础，通过对简单实例的绘制，重点介绍基本绘图命令、图形编辑命令及绘图辅助工具等的操作方法。为后面绘制建筑施工图和结构施工图打下良好的基础。

项目 1 AutoCAD 绘图前的准备工作

任务 1.1 AutoCAD 的启动和退出

本教程介绍的 CAD 版本为 AutoCAD 2013，其他版本 AutoCAD 软件的操作方法基本上与此相同或相似，掌握该版本软件的操作方法与技巧后，可以很快地应用其他 CAD 版本软件进行制图。AutoCAD 的启动和退出方法介绍如下。

1.1.1 AutoCAD 的启动

启动 AutoCAD 的方法有很多，这里只介绍常用的两种启动方法。

1．通过桌面快捷方式

最简单的方法是直接用鼠标双击桌面上的 AutoCAD 快捷方式图标，即可启动 AutoCAD 软件，进入 AutoCAD 的工作界面。AutoCAD 2013 的启动界面如图 1-1 所示。

2．通过“开始”菜单

从任务栏中选择“开始”菜单，然后单击“所有程序”→“Autodesk”→“AutoCAD 2013－简体中文（Simplified Chinese）”中的“AutoCAD 2013－简体中文（Simplified Chinese）”，也可以启动 AutoCAD 2013。

单击“新建”按钮，选择“样板文件”，进入 AutoCAD 2013 的绘图界面，如图 1-2 所示。

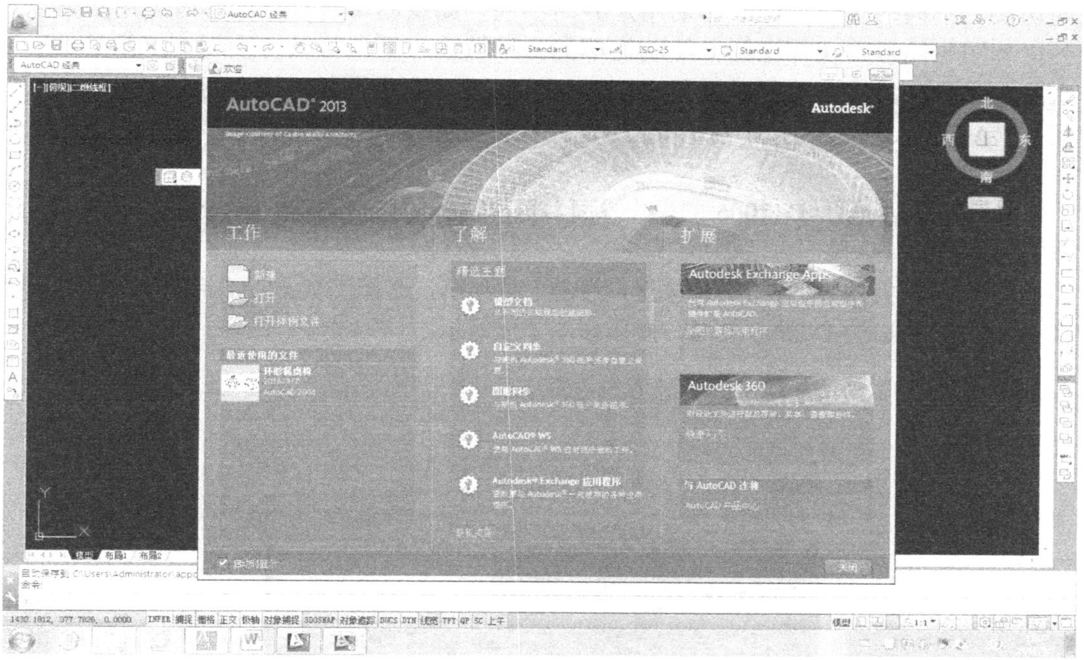

图 1-1　AutoCAD 2013 的启动界面

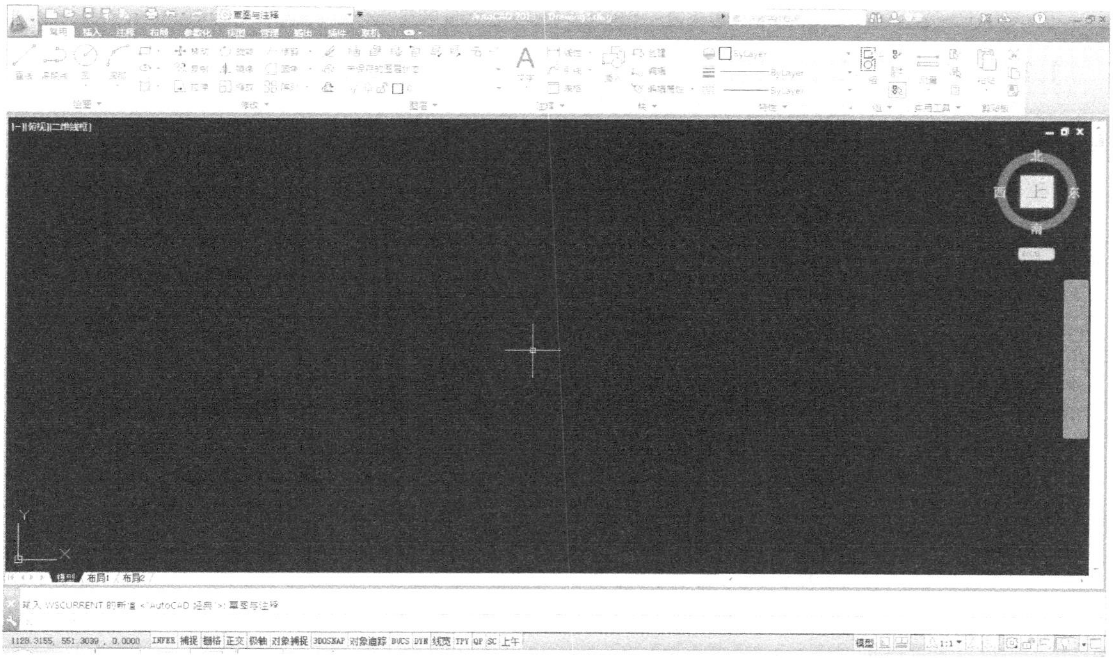

图 1-2　AutoCAD 2013 的绘图界面

1.1.2　工作空间

工作空间是一个比较实用的工具，用户可以根据不同的绘图需要在不同的工作空间之间切换。不同的工作空间显示的用户界面不同，如绘制常规二维图形时，用户可以切换到“草图与注释”工作空间；绘制简单的三维图形，用户可以切换到“三维基础”工作空间；进行三维图形编辑时，用户可以切换到“三维建模”工作空间；还有一个工作空间是“AutoCAD 经典”，它与 AutoCAD 之前其他版本的工作界面一样。工作空间之间可以进行切换。

如果习惯了 AutoCAD 2006 的操作界面，可以选择工作空间里的 AutoCAD 经典界面。工作空间切换的具体操作方法如下：

单击“草图与注释”旁的下拉按钮，弹出下拉菜单，选择“AutoCAD 经典”选项，界面切换到熟悉的 AutoCAD 2006 界面，操作如图 1-3 所示。

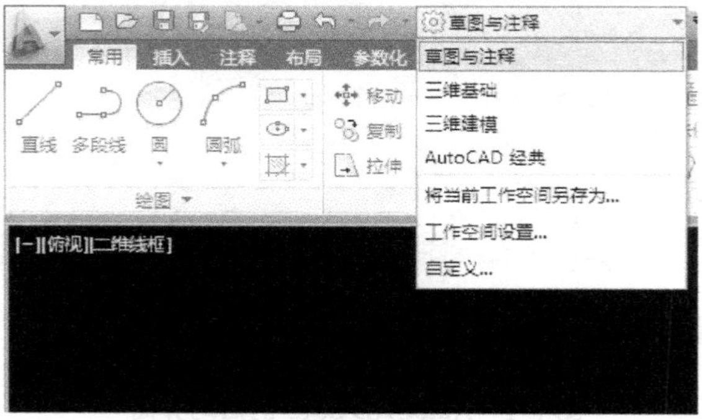

图 1-3　AutoCAD 经典界面设置

1.1.3　AutoCAD 的退出

退出 AutoCAD 操作系统有多种方法，下面介绍常用的几种：

（1）单击 AutoCAD 工作界面标题栏右边的关闭按钮 。

（2）单击“文件”下拉菜单中的“退出”命令。

（3）在命令行中输入 QUIT 命令后按空格键或回车键。

退出前弹出是否保存提示对话框，如图 1-4 所示。

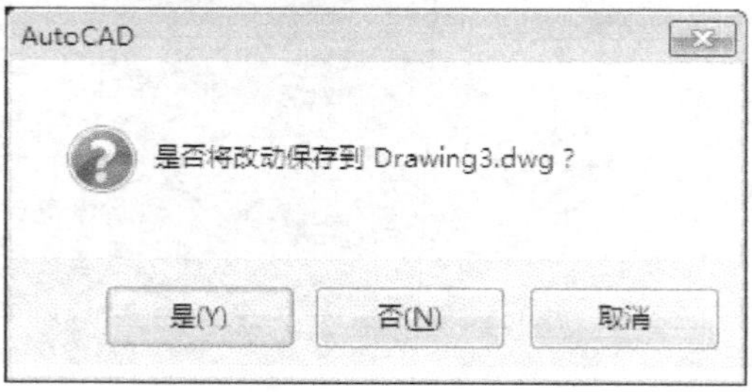

图 1-4　AutoCAD 退出提示对话框

注意：如果图形修改后尚未保存，则退出之前会出现图 1-4 所示的系统警告对话框。单击“是”按钮系统保存文件后退出；单击“否”按钮系统不保存文件退出；单击“取消”按钮，系统取消执行的命令，返回原 AutoCAD 2013 工作界面。

任务 1.2　认识 AutoCAD 的工作界面

1.2.1　界面组成

AutoCAD 2013 的工作界面如图 1-5 所示，由标题栏、下拉菜单栏、工具栏、绘图区、命令行窗口、状态栏组成。

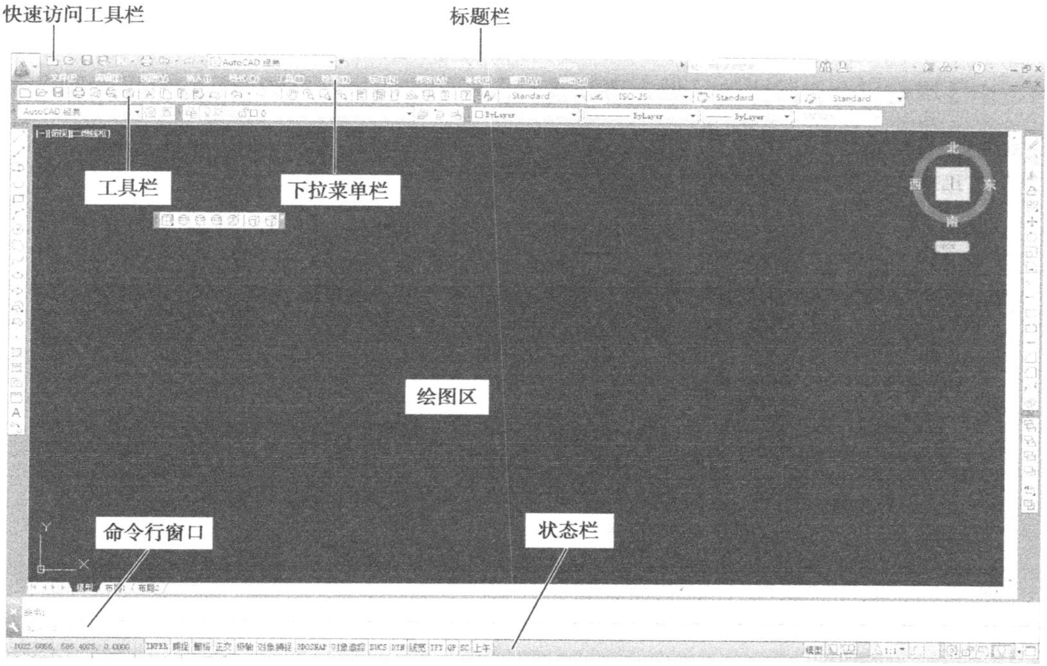

图 1-5　AutoCAD 2013 的工作界面

1. 快速访问工具栏

快速访问工具栏位于 AutoCAD 2013 工作界面的顶端，用于显示常用工具，包括“新建”、“打开”、“保存”、“放弃”、“重做”等按钮。可以向快速访问工具栏添加无限多的工具，超出工具栏最大长度范围的工具会以弹出按钮来显示。

2. 下拉菜单栏

下拉菜单栏包括“文件”、“编辑”、“视图”、“插入”、“格式”、“工具”、“绘图”、“标注”、“修改”、“参数”、“窗口”和“帮助”12 个主菜单项，每个主菜单下又包括子菜单。在展开的子菜单中存在一些带有省略号“...”的菜单命令，表示如果选择该命令，将弹出一个相应的对话框；有的菜单命令右端有一个黑色的小三角，表示选择菜单命令能够打开级联菜单；菜单项右边有“Ctrl+?”组合键的表示键盘快捷键，可以直接按快捷键执行相应的命令，比如按“Ctrl+N”组合键能够弹出“创建新图形”对话框。

3. 工具栏

AutoCAD 2013 界面中的工具栏是一组图标型工具的组合，用户可以通过图标方便地选择相应的命令进行操作。把光标移动到某个图标上，停留片刻即在图标旁会显示相应的工具提示，同时在状态栏中显示出命令名和功能说明。

默认情况下，可以看到绘图区顶部的“标准”、“图层”、“特性”和“样式”工具栏，以及位于绘图区左侧的“绘图”工具栏和位于绘图区右侧的“修改”工具栏，如图 1-5 所示。

4. 绘图区

位于屏幕中间的整个黑色区域是 AutoCAD 2013 的绘图区，也称为工作区域。默认设置下的工作区域是一个无限大的区域，可以按照图形的实际尺寸在绘图区内任意绘制各种图形。改变绘图区颜色的方法如下：

（1）单击“工具”下拉菜单中的“选项”命令，弹出“选项”对话框，如图 1-6 所示。

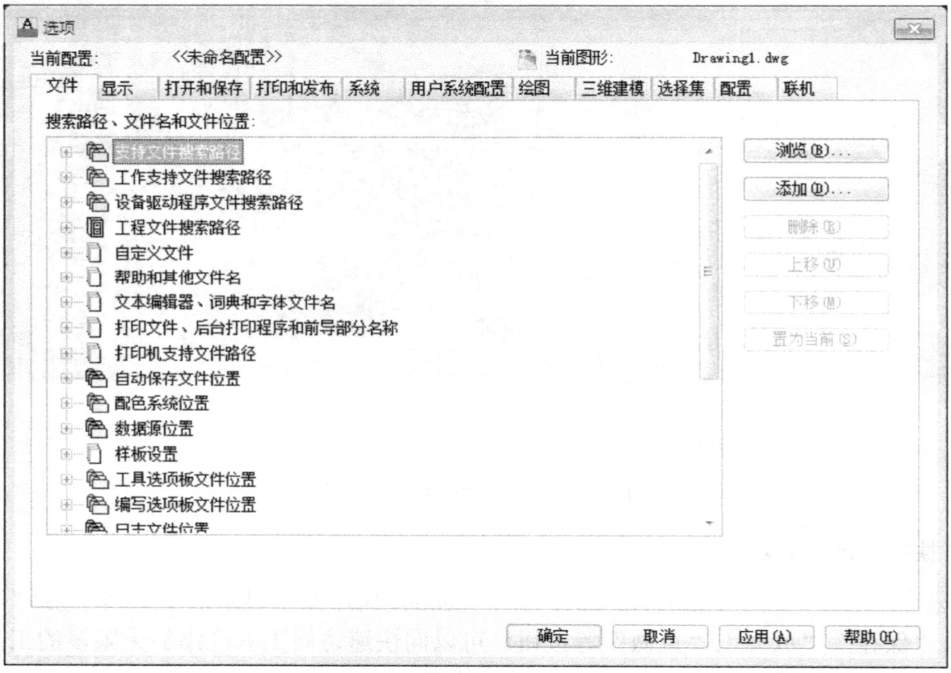

图 1-6 “选项”对话框

（2）选择“显示”选项卡，单击“窗口元素”组合框中的“颜色”按钮，弹出“图形窗口”对话框。

（3）在“界面元素”列表框中选择要改变的界面元素，可以改变任意界面元素的颜色，默认为“统一背景”。单击“颜色”下拉按钮，在展开的列表中选择“白”。

（4）单击“应用并关闭”按钮，返回“选项”对话框；单击“确定”按钮，将绘图窗口的颜色改为白色。

5. 命令行窗口

命令行窗口是输入命令名和显示命令提示的区域，默认的命令行窗口布置在绘图区下方。AutoCAD 通过命令行窗口反馈各种信息，如输入命令后的提示信息，包括错误信息、命令选项、提示信息等。因此，应时刻关注在命令行窗口中出现的信息。

可以使用文本窗口的形式来显示命令行窗口。按 F2 键，弹出“AutoCAD 文本窗口”，可以使用文本编辑的方法进行编辑。还可以利用快捷键 Ctrl+9，进行命令行窗口隐藏/显现的切换。

6．状态栏

状态栏位于工作界面的底部，左端显示当前十字光标所在位置的三维坐标，右端依次显示“推断约束”、“捕捉”、“栅格”、“正交”、“极轴追踪”、“对象捕捉”、“三维对象捕捉”、“对象捕捉追踪”、“DUCS”、“动态输入”、“线宽”、“透明度”、“快捷特性”和“选择循环”共 14 个辅助绘图工具按钮，如图 1-7 所示。当按钮处于凹下状态时，表示该按钮处于打开状态，再次单击该按钮，可将其关闭。

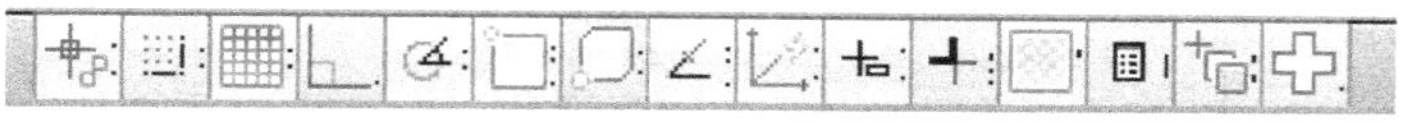

图 1-7　辅助工具栏

1.2.2　栅格和捕捉

1．栅格和捕捉的使用

“栅格”是指在绘图区域内显示水平方向等距离布置和垂直方向等距离布置的点阵图案，如图 1-8 所示。栅格就像一张坐标纸，默认情况下，栅格沿着 X 和 Y 方向上的距离均为 10 cm（单位可通过“格式”菜单里的二级菜单“单位”设置）。

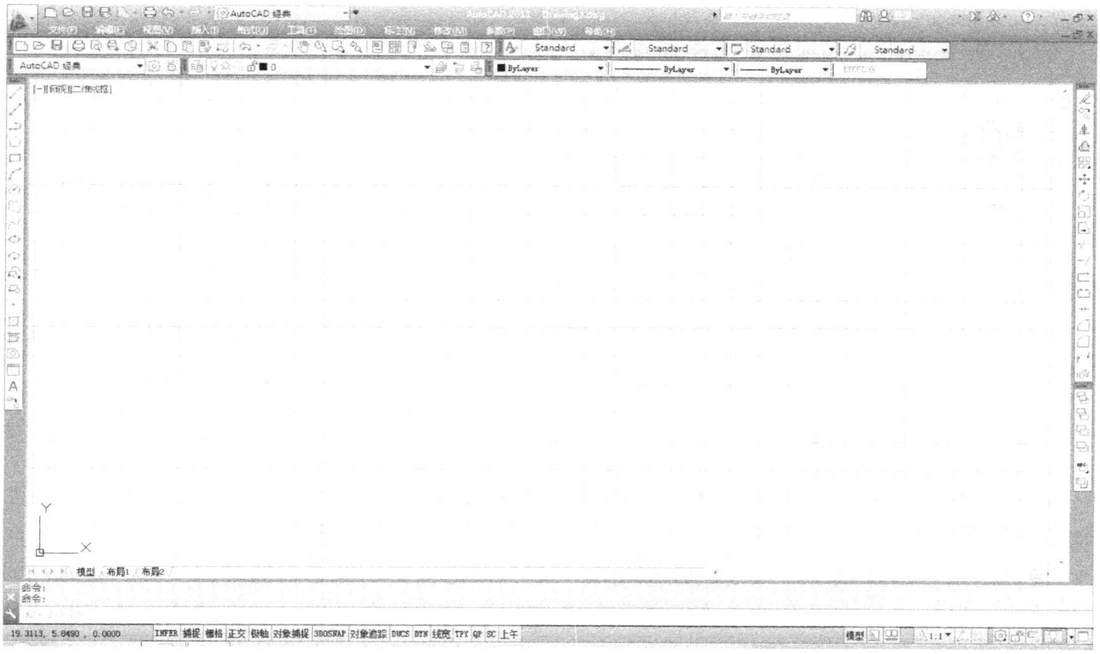

图 1-8　栅格图

"捕捉"是指鼠标光标只能在栅格点上跳跃移动，即鼠标光标只能停留在栅格点上，而不会停留在其他位置。

由于栅格是等距离的点阵，因此在绘制图形的时候可通过拾取栅格点来确定距离。如绘制一个边长分别为 3、4、5 个单位的直角三角形，可利用"栅格"和"捕捉"来完成。

2. 栅格和捕捉的设置

在栅格按钮上单击鼠标右键，选择"设置"选项，打开"捕捉和栅格"选项卡，如图 1-9 所示。该选项卡包括"捕捉间距"、"栅格样式"、"极轴间距"、"栅格间距"、"捕捉类型"、"栅格行为"6 个选项组。

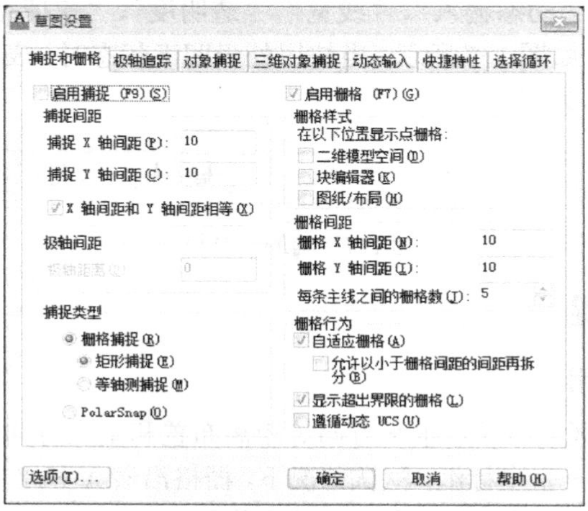

图 1-9　捕捉和栅格设置

（1）"捕捉间距"选项组：启用捕捉时，移动光标一次跳跃的距离。

（2）"栅格样式"选项组：设置是否在"二维模型空间"、"块编辑器"和"图纸/布局"中显示栅格。

（3）"极轴间距"选项组：设置极轴距离。

（4）"栅格间距"选项组：可以设置栅格的间距(相邻栅格点的水平和垂直距离)。

（5）"捕捉类型"选项组："栅格捕捉"可以选择"矩形捕捉"或"等轴测捕捉"，"矩形捕捉"用来绘制正投影图，"等轴测捕捉"用来绘制等轴测图。

（6）"栅格行为"选项组：可以设置"自适应栅格"、"显示超出界限的栅格"和"遵循动态"三项。

1.2.3　正交和极轴

在正交模式下，光标被约束在水平或垂直方向上移动（相对于当前用户坐标系），便于画水平线和竖直线。单击状态栏上的"正交"按钮或按 F8 键即可打开或关闭正交模式。

极轴是为了追踪到用户设定的任意角度，是一种比正交功能更强的辅助工具。极轴的操作方法为：鼠标光标在设置的角度及整数倍角度附近晃动，会出现一条点状线，该点状线称为极轴追踪线，鼠标会自动吸附到该点状线上，同时会显示目前点状线的角度及光标到起点的距离。

极轴追踪角度可以根据需要设置，设置方法为：将鼠标移至“极轴”按钮，右击选择“设置”即可打开极轴追踪设置选项卡，如图 1-10 所示。该选项卡分为 3 个部分。

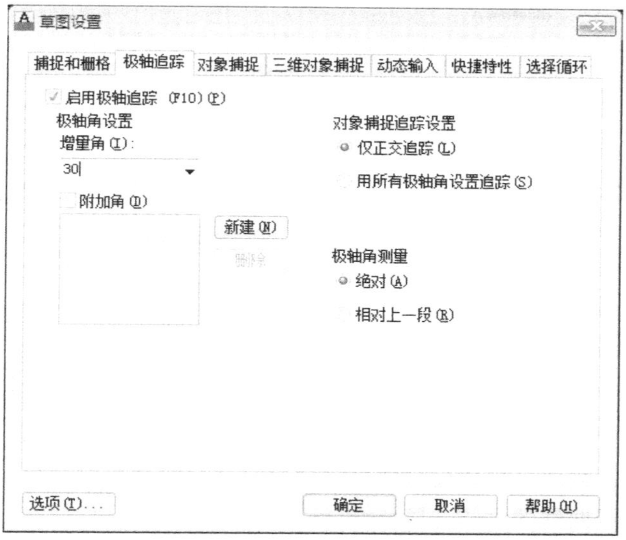

图 1-10　极轴追踪设置

1．极轴角设置

用来设置增量角，即选择一个角度作为增量角，这样就能追踪到该角度的整数倍角度，如将增量角设为 30°，则在绘图区域光标能追踪到 30°、60°、120°、150° 等 30° 角度的整数倍角。

2．对象捕提追踪设置

“对象捕捉追踪”是“对象捕捉”和“极轴追踪”的复合。有两项可供选择：“仅正交追踪”和“用所有极轴角设置追踪”。“仅正交追踪”是指在进行“对象追踪”时，只能追踪对象上的水平方向和垂直方向；“用所有极轴角设置追踪”是指在进行“对象追踪”时，可以追踪对象上预先设定的增量角的整数倍角度方向。

3．极轴角测量

有两项可供选择：“绝对”和“相对上一段”。“绝对”是指追踪角度是与 X 轴正向的夹角；“相对上一段”是指追踪角度是与前一段直线的夹角。

1.2.4　对象捕捉和动态输入

1．对象捕捉

“对象捕捉”功能可以捕捉到对象上的特征点，如端点、中点、圆心、交点等特征点，而无须知道该点的坐标，也不用担心光标点到该特征点之外的位置。AutoCAD 2013 提供端点、中点、圆心、节点、象限点、交点、延长线、插入点、垂足、切点、最近点、外观交点、平行线共 13 种特征点可供捕捉。在“对象捕捉”按钮上单击右键，可以打开“对象捕捉”选项卡，勾选需要捕捉的点，如图 1-11 所示。各个捕捉点的说明如下。

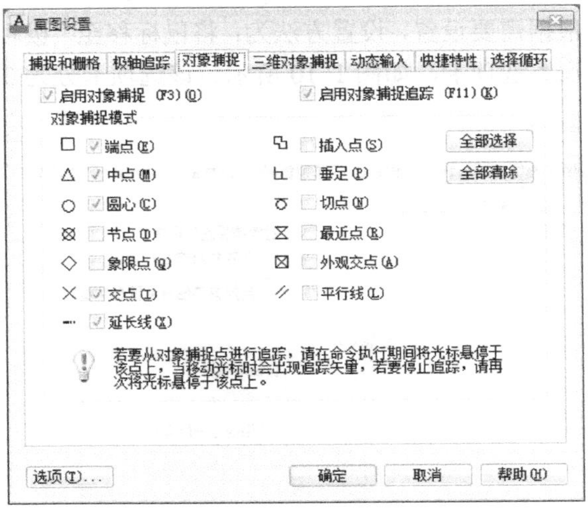

图 1-11 “对象捕捉”选项卡

（1）端点：直线、曲线、三维实体等的端点。

（2）中点：直线或曲线的中点。

（3）圆心：圆的中心或椭圆的中心。

（4）节点：各特殊点，如等分点。

（5）象限点：圆周与 X 轴、Y 轴的交点以及椭圆长轴和短轴的两个端点。

（6）交点：两个图形的交点。

（7）延长线：没有实际相交的对象延伸后的交点。

（8）插入点：外部图块、文字的插入点。

（9）垂足：直线和其垂线的交点。

（10）切点：曲线和其切线的交点。

（11）最近点：离鼠标光标最近的图形上的点。

（12）外观交点：三维图形中实际不相交但看起来相交的点。

（13）平行线：已知直线的平行线上的点。

2. 三维对象捕捉

“三维对象捕捉”工具可以捕捉三维对象上的特征点，其与“对象捕捉”操作方法相同，不再赘述。

3. 动态输入

“动态输入”是设置在输入距离或角度等参数时，参数在绘图区域显示而不在命令窗口内显示。键盘上的功能键 F1～F12 也可作为辅助绘图工具按钮的开关，具体参见表 1-1。

表 1-1 功能键参照表

功 能 键	辅 助 功 能	功 能 键	辅 助 功 能
F1	帮助窗口	F3	对象捕捉
F2	文本窗口	F4	在打开数字化仪之前进行校准

续表

功能键	辅助功能	功能键	辅助功能
F5	等轴测平面（右、左、上）	F9	捕捉
F6	坐标	F10	极轴
F7	栅格	F11	对象捕捉追踪
F8	正交	F12	DYN（动态输入）

任务 1.3　图形文件的管理

1.3.1　新建文件

创建新的图形文件常用的方法有：

（1）单击下拉菜单中的“文件”→“新建”命令。

（2）单击“标准”工具栏中的“打开”命令按扭。

（3）在命令行中输入 NEW 命令。

说明： *系统默认的图形名为 drawing1.dwg。*

执行该命令后，将弹出如图 1-12 所示的“选择样板”对话框。

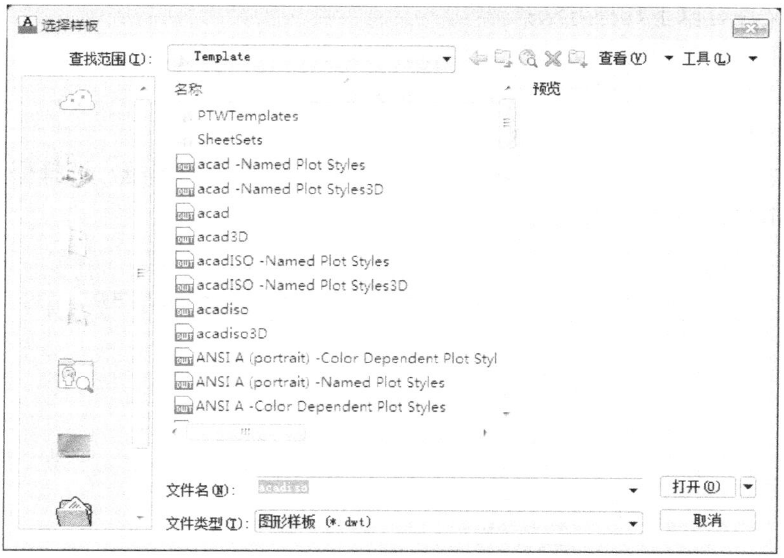

图 1-12　“选择样板”对话框

1.3.2　打开文件

打开已有图形文件常用的方法有：

（1）单击下拉菜单中的“文件”→“打开”命令。

（2）单击“标准”工具栏中的“打开”命令按扭。

（3）在命令行中输入 OPEN 命令。

执行该命令后，将弹出如图 1-13 所示的“选择文件”对话框。如果在文件列表中同时选择了多个文件，单击“打开”按扭，可以同时打开多个图形文件。

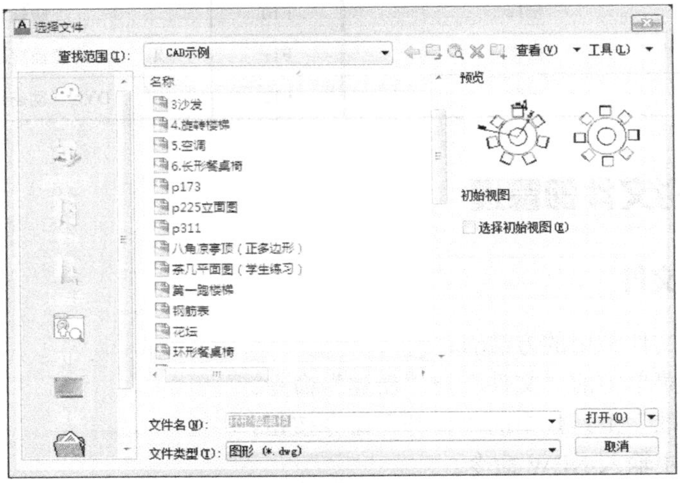

图 1-13 “选择文件”对话框

1.3.3 存储文件

保存图形文件有以下几种方法：

（1）单击下拉菜单中的“文件”→“保存”命令。

（2）单击“标准”工具栏中的“保存”命令按扭。

（3）在命令行中输入 SAVE 命令。

执行该命令后，将弹出如图 1-14 所示的“图形另存为”对话框。选择保存的位置，输入文件名，单击“保存”按钮即可。

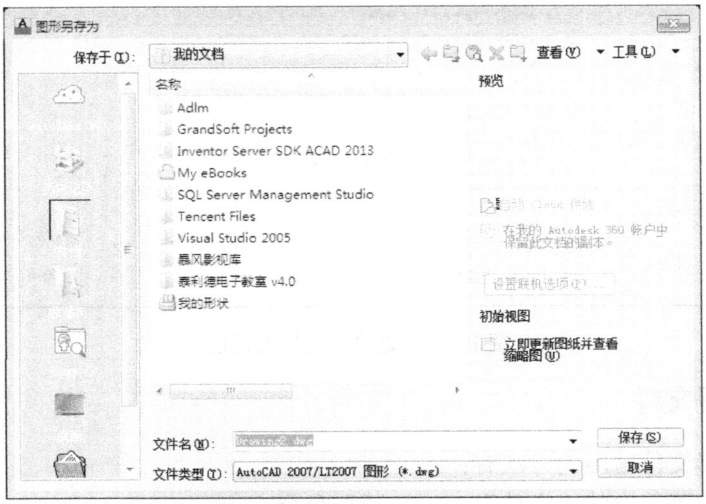

图 1-14 “图形另存为”对话框

任务 1.4 视图的显示控制

1.4.1 视图的缩放

视图的缩放是指调整图形在绘图区域内显示的大小，只是改变图形的视觉效果，并不改变图形的实际尺寸，相当于把图纸移开或靠近的效果。AutoCAD 2013 提供了多种视图缩放方法，执行视图缩放操作有多种途径，常用的方法有两种：

（1）用鼠标中键滚轮前后滚动实现实时缩放。

（2）用命令 ZOOM 或 Z 实现缩放。

在命令行中输入 ZOOM 或 Z，命令行提示如下：

```
命令：zoom
指定窗口的角点，输入比例因子 (nX 或 nXP)，或者
[全部(A)/中心(C)/动态(D)/范围(E)/上一个(P)/比例(S)/窗口(W)/对象(O)] <实时>:
```

各选项的功能如下。

① 全部（A）：选择该选项后，显示窗口将在屏幕中间缩放显示整个图形界限的范围。如果当前图形的范围尺寸大于图形界限，将最大范围地显示全部图形。

② 中心（C）：此项选择将按照输入的显示中心坐标，确定显示窗口在整个图形范围中的位置，而显示区范围的大小则由指定窗口高度确定。

③ 动态（D）：该选项为动态缩放，通过构造一个视图框支持平移视图和缩放视图。

④ 范围（E）：选择该选项，可以将所有已编辑的图形尽可能大地显示在窗口内。

⑤ 上一个（P）：选择该选项将返回前一视图。当编辑图形时，经常需要对某一区域进行放大，以便精确设计，完成后返回原来的视图，不一定是全图。

⑥ 比例（S）：该选项按比例缩放视图。例如：在“输入比例因子（nX 或 nXP）：”提示下，如果输入“0.5”，表示将屏幕上的图形缩小为当前尺寸的一半；如果输入“2”，表示使图形放大为当前尺寸的 2 倍。

⑦ 窗口（W）：该选项用于尽可能大地显示由两个角点所定义的矩形窗口区域内的图像。此选项为系统默认的选项，可以在输入 ZOOM 命令后，不选择“W”选项，而直接用鼠标在绘图区内指定窗口以局部放大。

⑧ 对象（O）：该选项可以尽可能大地在窗口内显示选择的对象。

⑨ 实时：选择该选项后，在屏幕内上下拖动鼠标，可以连续地放大或缩小图形。此选项为系统默认的选项，直接按回车键即可选择该选项。

（3）用菜单命令实现缩放。

选择下拉菜单栏“视图”中的“缩放”子菜单，打开其级联菜单，作用同上，如图 1-15 所示。

1.4.2 视图平移

视图平移是指不改变图形显示的大小，而改变图形在绘图区域中的位置（平移时连同坐标系一起平移，所以平移并不改变对象中任何点的坐标）。执行视图平移操作有三种途径：

（1）在命令行中输入 PAN 或 P，此时光标变成手形光标，按住鼠标左键在绘图区内上下

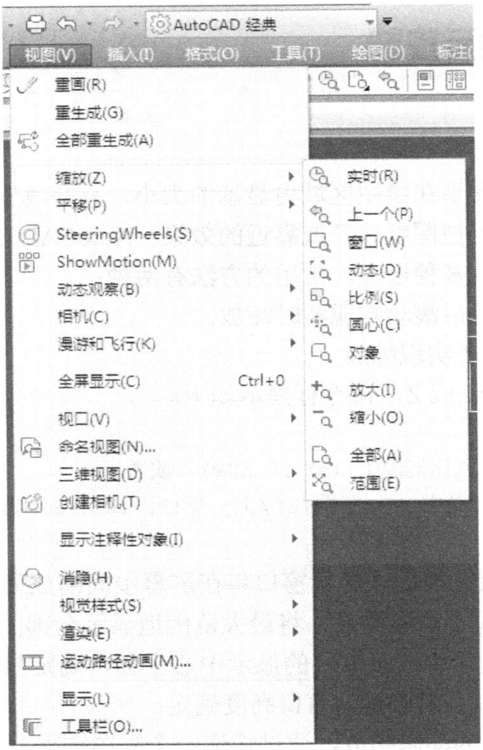

图 1-15 “缩放”下一级子菜单

左右移动鼠标，即可实现图形的平移。

（2）单击“标准”工具栏中的 按钮，也可输入平移命令。

（3）单击下拉菜单中的“视图”→“平移”→“实时”命令，也可输入平移命令。

注意：各种视图的缩放和平移命令在执行过程中均可按 Esc 键提前结束命令。

任务 1.5　选择对象

1.5.1　执行编辑命令

执行编辑命令有两种方法：

（1）先输入编辑命令，在“选择对象”提示下，再选择合适的对象。

（2）先选择对象，所有选择的对象以夹点状态显示，再输入编辑命令。

1.5.2　构造选择集的操作

在选择对象过程中，选中的对象呈虚线亮显状态。选择对象的方法如下：

1. 使用拾取框选择对象

例如，要选择圆形，在圆形的边线上单击鼠标左键即可。

2. 指定矩形选择区域

在“选择对象”提示下，单击鼠标左键拾取两点作为矩形的两个对角点。如果第二个角点位于第一个角点的右边，窗口以实线显示，叫作“W 窗口”，此时完全包含在窗口之内的对象被选中；如果第二个角点位于第一个角点的左边，窗口以虚线显示，叫作“C 窗口”或“交叉窗口”，此时完全包含于窗口之内的对象及与窗口边界相交的所有对象均被选中。

3. F（Fence）

栏选方式，即可以画多条直线轨迹，轨迹之间可以相交，凡与轨迹相交的对象均被选中。

4. P（PreVious）

前次选择集方式，可以选择上一次的选择集。

5. R（Remove）

删除方式，用于把选择集由加入方式转换为删除方式，可以删除误选到选择集中的对象。

6. A（Add）

添加方式，把选择集由删除方式转换为加入方式。

任务 1.6　设置绘图界限和单位

1.6.1　设置绘图界限

在 AutoCAD 2013 中一般按照 1∶1 的比例绘图。绘图界限可以控制绘图的范围，相当于手工绘图时图纸的大小。设置图形界限还可以控制栅格点的显示范围，栅格点在设置的图形界限范围内显示。

以 A3 图纸为例，假设绘图比例为 1∶100,设置绘图界限的操作如下：

单击下拉菜单中的“格式”→“图形界限”命令，或者在命令行输入 LIMITS 命令，命令行提示如下：

```
命令:limits
重新设置模型空间界限:
指定左下角点或 [开(ON)/关(OFF)] <0.0000,0.0000>://按回车键，设置左下角点为系统默认的原点位置
指定右上角点 <420.0000,297.0000>: 42000,29700//输入右上角点坐标
```

说明：提示中[开（NO）/关（OFF）]选项的功能是控制是否打开图形界限检查。选择“NO”时,系统打开图形界限的检查功能，只能在设定的图形界限内画图，系统拒绝输入图形界限外部的点。系统默认设置为“OFF”，此时关闭图形界限的检查功能，允许输入图形界限外部的点。

```
命令：z
ZOOM
指定窗口的角点，输入比例因子 (nX 或 nXP)，或者
[全部(A) / 中心(C)/动态(D) / 范围(E) / 上一个(P) / 比例(S) / 窗口(W) / 对象(O)]<实时
```

>：a

正在重生成模型。

1.6.2 设置绘图单位

在绘图时应先设置图形的单位，即图上一个单位所代表的实际距离。设置方法如下：单击下拉菜单中的“格式”→“单位”命令，或者在命令行输入“UNITS”或“UN”，弹出“图形单位”对话框，如图 1-16 所示。

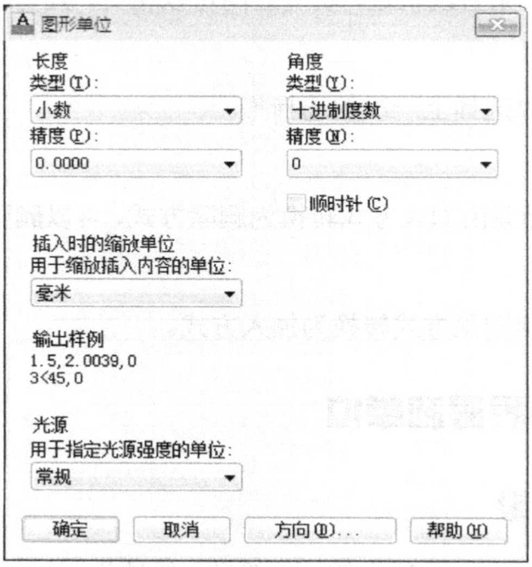

图 1-16 “图形单位”对话框

1．设置长度单位及精度

在“长度”选项区域中，可以从“类型”下拉列表中提供的 5 个选项中选择一种长度单位，还可以根据绘图的需要从“精度”下拉列表中选择一种合适的精度。

2．角度的类型、方向及精度

在“角度”选项区域中，可以从“类型”下拉列表中选择一种合适的角度单位，并根据绘图的需要从“精度”下拉列表中选择一种合适的精度。“顺时针”复选框用来确定角度的正方向，当该复选框没有选中时，系统默认角度的正方向为逆时针；当该复选框选中时，表示以顺时针方向作为角度的正方向。

单击图 1-16 中的“方向”按钮，将弹出“方向控制”对话框，如 1-17 所示。该对话框用来设置角度为 0 的方向，默认以正东的方向为 0° 角。

3．设置插入时的缩放单位

该选项设置用于控制使用工具选项板拖入当前图形的块的测量单位。如果块或图形创建时使用的单位与该选项指定的单位不同，则在插入这些块或图形时，将对其按比例进行缩放。插入比例是块源或图形使用的单位与目标图形使用的单位之比。如果插入块时不按指定单位缩放，应选择“无单位”。

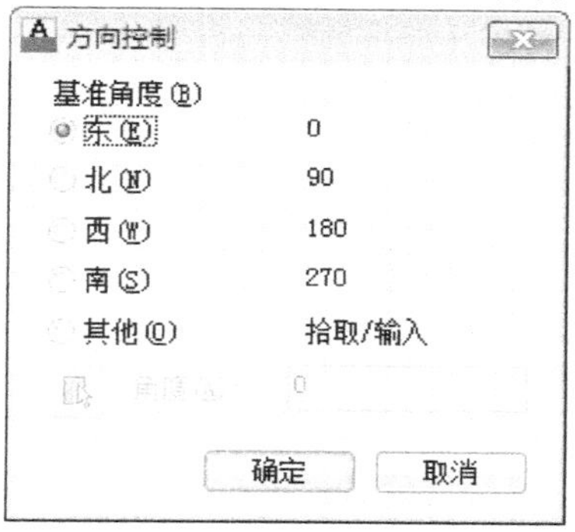

图1-17 “方向控制”对话框

实训任务1

1. 创建新的图形文件w.dwg，保存在D:\CAD文件夹中。
2. 打开D:\CAD文件夹中的w.dwg文件，设置图形界限为594×420。

项目 2 基本图形的绘制

任务 2.1 绘制轮廓图

绘制任务

绘制房屋轮廓图，如图 2-1 所示。

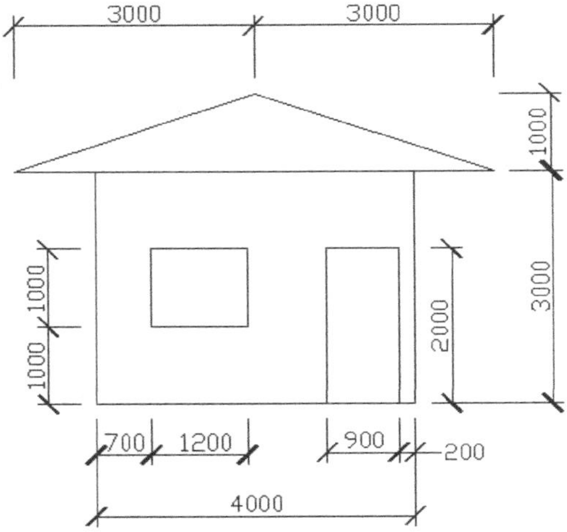

图 2-1 房屋轮廓图

学习目标

- 掌握坐标系、直角坐标和极坐标的概念；
- 掌握点的输入方法；
- 掌握直线的绘制方法。

2.1.1　坐标系

1．世界坐标系（WCS）

在世界坐标系（WCS）中，*X* 轴是水平的，*Y* 轴是垂直的，*Z* 轴垂直于 *XY* 平面，即绘图平面。世界坐标系是固定坐标系，存在于每张图中，不可更改。系统默认为世界坐标系。

2．用户坐标系（UCS）

世界坐标系不能更改，使绘图很不方便，为此 AutoCAD 提供了基于世界坐标系的用户坐标系。用户坐标系的原点可以选在世界坐标系的任意位置，坐标轴的方向也可以任意旋转和倾斜，用户可以根据图中对象灵活确定 UCS。建立 UCS 的方法有两种：

（1）从下拉菜单“工具”中选择“新建 UCS”的下一级子菜单中的“原点”选项。

（2）在命令行中输入 UCS 命令并按空格键或回车键。

命令提示如下：

```
命令: ucs
当前 UCS 名称: *世界*
[新建(N)/移动(M)/正交(G)/上一个(P)/恢复(R)/保存(S)/删除(D)/应用(A)/?/世界(W)]<世界>: N
指定新 UCS 的原点或 [Z 轴(ZA)/三点(3)/对象(OB)/面(F)/视图(V)/X/Y/Z] <0,0,0>:
```

2.1.2　点的输入方法

1．点的样式

二维图形均由直线和曲线构成，而直线和曲线都是由点构成的。默认情况下，点是没有大小的，点在图形上面是不会显示的，为了显示输入的点，可以打开“点样式”选项板调整点的外观。

打开“点样式”选项板的方式为：执行菜单“格式”→“点样式”命令，如图 2-2 所示，弹出“点样式”选项板，如图 2-3 所示，选择点的样式及设置点的大小。

2．绝对直角坐标

绝对直角坐标以原点为参照点来定位其他点，输入以逗号分隔的 *X* 值和 *Y* 值，表示方法为 *X*,*Y*。*X* 值是沿水平轴以单位表示的正或负的距离，*Y* 值是沿垂直轴以单位表示的正或负的距离。例如：100,100。

3．相对直角坐标

相对直角坐标是以上一个输入的点为参照点，与坐标系的原点无关，通过输入对参照点的偏移来确定点的位置。如果知道某点与前一点的位置关系时，常用相对坐标。使用时需要在输入坐标前面添加@符号，例如：@100,100。

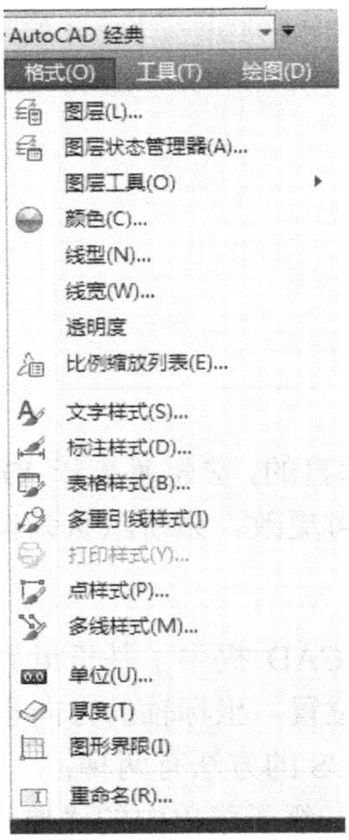

图 2-2　调整点样式的方法

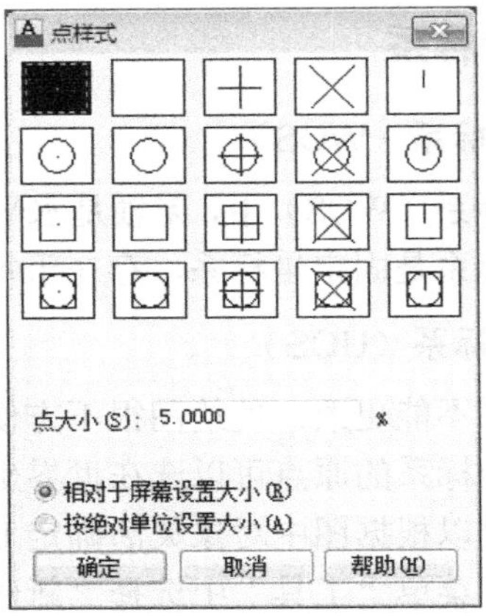

图 2-3　“点样式”选项板

4．绝对极坐标

极坐标是指一个点与参考点之间的距离和角度。绝对极坐标以原点 0,0 为基准，已知某点距离原点的准确距离和 X 轴正向的角度时，使用绝对极坐标，例如：100<60。

5．相对极坐标

相对极坐标是以上一个输入点为基准，已知某点距前一输入点的距离和 X 轴正向的角度时，使用相对极坐标。使用时需要在输入坐标前面添加@符号，例如：@100<120。

2.1.3　直线的绘制方法

通过指定两个点可以绘制直线，绘制直线的操作有 3 种途径：

（1）在命令窗口输入绘制直线的命令 Line(L)。

（2）单击“绘图”工具栏上的“直线”按钮。

（3）执行“绘图”菜单中的“直线”命令。

根据绘制情况的不同，AutoCAD 2013 提供多种绘制直线两点的方法：

（1）用鼠标直接点取直线的两个端点。

```
命令：_line 指定第一点：           //鼠标在绘图区域单击一点作为直线的起点
指定下一点或[放弃(U)]：           //鼠标在绘图区域单击第二点作为直线的终点
指定下一点或[放弃(U)]：           //按回车键或空格键完成
```

（2）输入坐标绘制直线。

```
命令：l LINE 指定第一点：200,200            //绝对坐标
指定下一点或 [放弃(U)]：@300,300            //相对上一个点的相对坐标
```

2.1.4　房屋轮廓图的绘制步骤

（1）在命令窗口输入直线绘制命令 L，在屏幕上随意指定一点作为绘图起点 *A*。

（2）绘制房屋外轮廓,如图 2-4 所示，绘制步骤如下：

从 *A* 点向下绘制长度 3 000 的直线，到达点 *F*，同理，绘制横向向右 4 000 的直线，到达点 *G*，竖向向上绘制 3 000 的直线，到达点 *E*，横向向右 1 000 的直线到达 *B* 点；*C* 点距离 *B* 点的距离为@-3000,1 000，*D* 点距离 *C* 点的距离为@-3000,-1000，最后到捕捉 *E* 点，绘制外轮廓结束。

在命令窗口输入命令如下：

```
命令: line 指定第一点:
指定下一点或 [放弃(U)]: @0,-3000
指定下一点或 [放弃(U)]: @4000,0
指定下一点或 [闭合(C)/放弃(U)]: @0,3000
指定下一点或 [闭合(C)/放弃(U)]: @1000,0
指定下一点或 [闭合(C)/放弃(U)]: @-3000,1000
指定下一点或 [闭合(C)/放弃(U)]: @-3000,-1000
指定下一点或 [闭合(C)/放弃(U)]:                    //选择 E 点
```

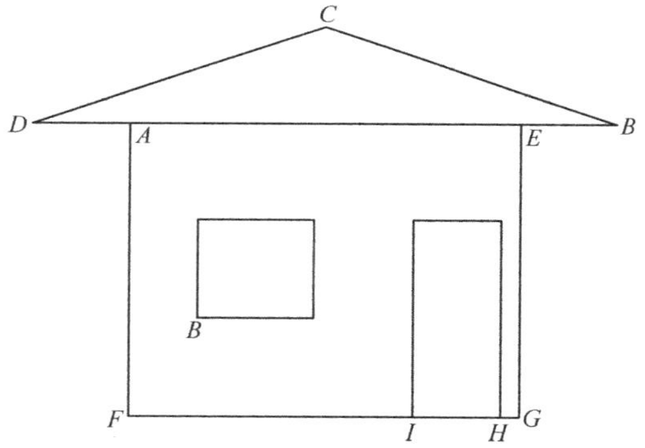

图 2-4　房屋轮廓图绘制点示意图

（3）绘制窗户轮廓图。如图 2-4 所示，*B* 点距离 *F* 点的距离是@700,1000，绘制命令如下：

```
命令: line
指定第一点: from 基点: <偏移>: @700,1000  //基点为 F 点
指定下一点或 [放弃(U)]: @1200,0
指定下一点或 [放弃(U)]: @0,1000
指定下一点或 [闭合(C)/放弃(U)]: @-1200,0
指定下一点或 [闭合(C)/放弃(U)]: c
```

（4）绘制门轮廓图。绘制命令如下：

```
命令: line 指定第一点: from 基点: <偏移>: @-200,0
指定下一点或 [放弃(U)]: @0,2000
指定下一点或 [闭合(C)/放弃(U)]: @-1200,0
指定下一点或 [闭合(C)/放弃(U)]: @0,-2000
指定下一点或 [闭合(C)/放弃(U)]:                   //按空格键或 Esc 键结束
```

2.1.5 正交的使用

正交是为了追踪到水平和垂直方向，使得鼠标光标仅限于在 *X* 轴和 *Y* 轴上移动，而不会发生倾斜。房屋轮廓图绘制过程中将正交打开进行图形绘制，可以更加方便、快捷。如使用正交绘制窗户轮廓图的命令如下：

```
命令: line
指定第一点: from 基点:                              //指点 F 点为基点
<偏移>: @700,1000
指定下一点或 [放弃(U)]: 1200
指定下一点或 [放弃(U)]: 1000
指定下一点或 [闭合(C)/放弃(U)]: 1200
指定下一点或 [闭合(C)/放弃(U)]: c
```

任务 2.2 绘制环形餐桌椅

绘制任务

绘制环形餐桌椅，如图 2-5 所示。

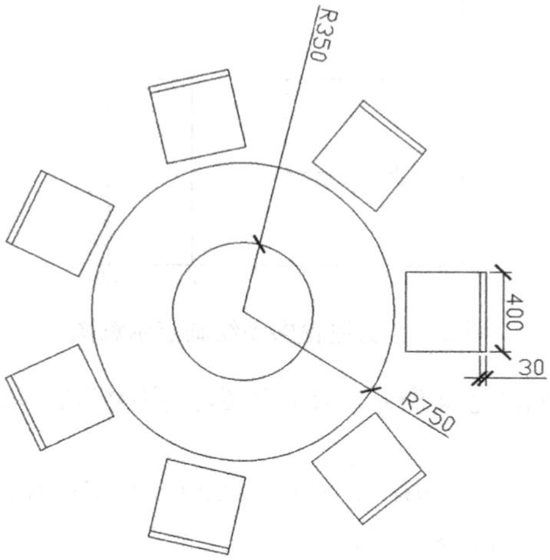

图 2-5 环形餐桌椅平面图

学习目标

- 掌握矩形、圆的绘制方法；
- 掌握分解、偏移命令的使用方法；
- 掌握移动、环形阵列的应用。

2.2.1　矩形的绘制

常用的绘制矩形的途径有：

（1）单击“绘图”工具栏上的“矩形”按钮。

（2）在命令窗口输入 rectang 命令绘制相应的矩形。

（3）执行“绘图”菜单中的“矩形”命令。

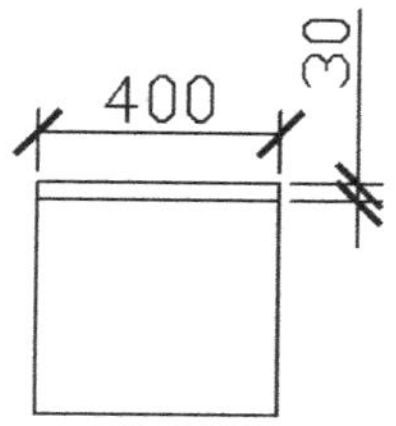

图 2-6　单个椅子平面图

以绘制椅子为例，绘制 400×400 的矩形，如图 2-6 所示，讲解矩形命令的使用。输入矩形绘制命令 rectang，可以采用两种方式绘制矩形，命令行提示分别如下：

```
命令: _rectang
指定第一个角点或 [倒角(C)/标高(E)/圆角(F)/厚度(T)/宽度(W)]:
                                        //在屏幕上任意指定一点
指定另一个角点或 [面积(A)/尺寸(D)/旋转(R)]: @400,400
                                        //该角点相对于第一点的距离
```

或

```
命令: _rectang
指定第一个角点或 [倒角(C)/标高(E)/圆角(F)/厚度(T)/宽度(W)]:
                                        //在屏幕上任意指定一点
指定另一个角点或 [面积(A)/尺寸(D)/旋转(R)]: d
指定矩形的长度 <10.0000>: 400       //矩形的长
指定矩形的宽度 <10.0000>: 400       //矩形的宽
```

各选项说明如下：

（1）倒角（C）：表示绘制倒角矩形。

（2）标高（E）：表示输入矩形相对于 *XY* 平面的距离。

（3）圆角（F）：表示绘制圆角矩形。

（4）厚度（T）：表示指定矩形的厚度。

（5）宽度（W）：表示指定矩形四条边的宽度。

（6）面积（A）：表示通过指定矩形的面积绘制矩形。

（7）尺寸（D）：表示指定矩形的长度和宽度绘制矩形。

（8）旋转（R）：表示指定矩形的倾角。

2.2.2　分解

在绘制图形时，需要把一个整体分解成若干小的个体，如矩形可以分解成 4 条直线，多段线可以分解成若干直线、圆弧等。

分解操作常用的方法如下：

（1）单击“修改”工具栏中的“分解”按钮。

（2）在命令窗口输入分解命令 Explore(E)。

（3）执行“修改”菜单中的“分解”命令。

将绘制的 400×400 的矩形分解，步骤如下：

```
命令: _explode
选择对象: 找到 1 个                //单击要分解的矩形
选择对象:                          //矩形被分解为 4 条直线
```

2.2.3 偏移

偏移是将对象做定距离的复制，其特点如下：

（1）执行偏移的对象只能是单个对象。

（2）对于自行闭合的对象，如圆、正多边形，偏移后的对象尺寸会随着偏移距离而发生变化。

偏移操作的方法有 3 种：

（1）单击“修改”工具栏上的“偏移”按钮。

（2）在命令窗口输入偏移命令 Offset(O)。

（3）执行“修改”菜单中的“偏移”命令。

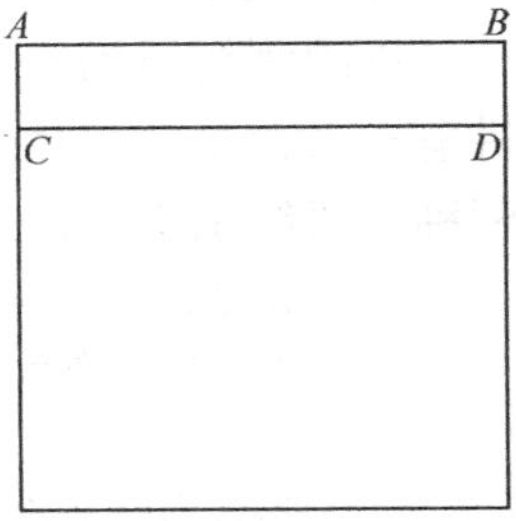

图 2-7 偏移操作

将分解后的矩形上部直线进行偏移，如图 2-7 所示，将直线 *AB* 向下偏移 30，生成新的直线 *CD*，步骤如下：

```
命令: _offset
当前设置: 删除源=否  图层=源  OFFSETGAPTYPE=0
指定偏移距离或 [通过(T)/删除(E)/图层(L)] <1.0000>:  30
选择要偏移的对象，或 [退出(E)/放弃(U)] <退出>:          //选择直线 AB
指定要偏移的那一侧上的点，或 [退出(E)/多个(M)/放弃(U)] <退出>: //单击直线 AB 下方
```

说明：

（1）鼠标光标单击的位置表示偏移的方向。

（2）通过（T）：表示输入 T 可以通过鼠标单击两个点来确定偏移距离。

（3）删除（E）：表示输入 E 删除源对象。

（4）图层（L）：表示输入 L 可以将其他图层的对象偏移到当前图层，偏移后的对象具有当前图层的基本特性。

2.2.4 圆的绘制

绘制圆的操作途径有 3 种：

（1）单击“绘图”工具栏上的“圆”按钮。

（2）在命令窗口输入绘制圆命令 circle（C）。

（3）执行“绘图”菜单中的“圆”命令。

绘制圆的方式有 6 种：

- 基于圆的圆心和半径画圆；
- 基于圆的圆心和直径画圆；
- 三点（3P），基于圆周上的三点画圆；
- 两点（2P），基于直径上的两个端点画圆；
- 相切、相切、半径（T），基于圆的半径和两个相切对象绘制圆；
- 相切、相切、相切，通过依次指定和圆相切的三个对象来绘制圆。

利用 circle 命令绘制图 2-5 中圆桌的步骤如下：

```
命令：_circle 指定圆的圆心或 [三点(3P)/两点(2P)/相切、相切、半径(T)]:
                                          //任点一点作为圆心
指定圆的半径或 [直径(D)]: 750
```

设置对象捕捉，将圆心捕捉打开。

```
命令：CIRCLE 指定圆的圆心或 [三点(3P)/两点(2P)/相切、相切、半径(T)]:
                                          //捕捉上一步骤中所画的圆的圆心作为圆心
指定圆的半径或 [直径(D)] <750.0000>: 350   //两个同心圆绘制完成
```

2.2.5 移动

移动操作的实现方法有 3 种：

(1) 单击“修改”工具栏中的“移动”按钮。

(2) 在命令窗口输入移动命令 move（M）。

(3) 执行“修改”菜单中的“移动”命令。

将绘制的椅子平面图移动到圆形餐桌的附近，如图 2-8 所示。操作步骤如下：

```
命令：_move
选择对象：指定对角点：找到 5 个        //选定画好的椅子
指定基点或 [位移(D)] <位移>: 指定第二个点或 <使用第一个点作为位移>:
```

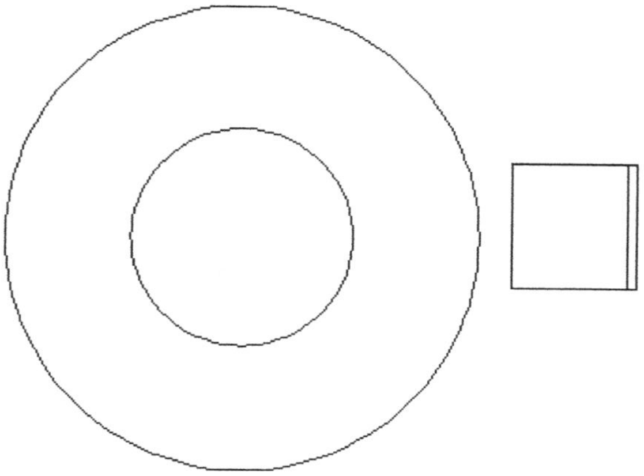

图 2-8　椅子移动到桌边示意图

2.2.6 环形阵列

环形阵列是将对象绕一点环绕排列。选择“修改”菜单中的“阵列”选项，在其下拉菜单中选择“环形阵列”，如图 2-9 所示。命令窗口提示为：

```
命令：_arraypolar
选择对象：指定对角点：找到 5 个
选择对象：
类型 = 极轴  关联 = 是
指定阵列的中心点或 [基点(B)/旋转轴(A)]:
选择夹点以编辑阵列或 [关联(AS)/基点(B)/项目(I)/项目间角度(A)/填充角度(F)/行
```

(ROW)/层(L)/旋转项目(ROT)/退出(X)] <退出>: i

输入阵列中的项目数或 [表达式€] <6>: 8

说明:

(1)中心点:即环绕的中心,可以输入坐标值确定,也可以用鼠标拾取。

(2)基点:指定阵列的基点。

(3)旋转轴:指定由两个指定点定义的自定义旋转轴,用于三维环形阵列。

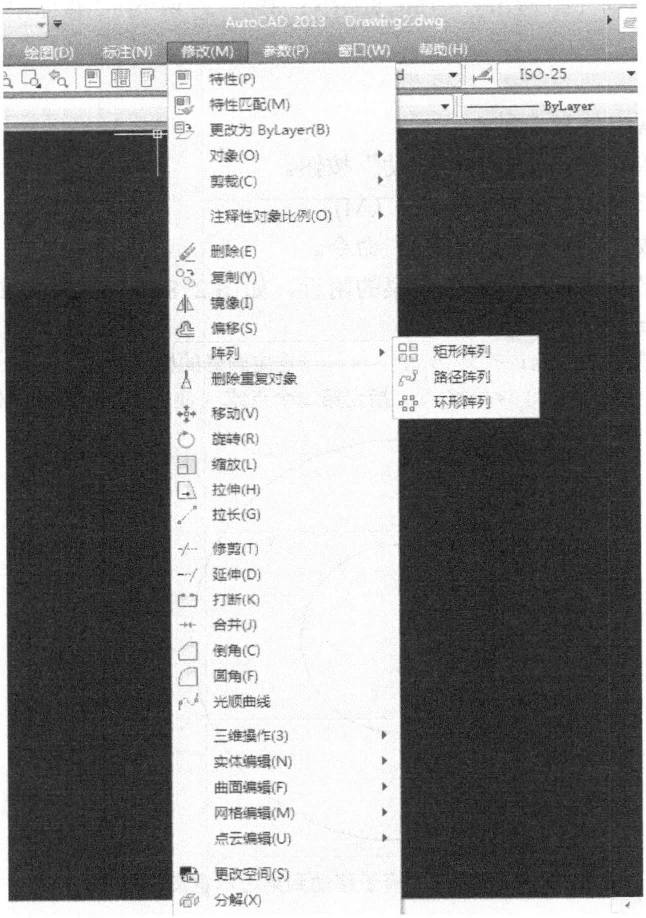

图 2-9 “修改”菜单中的“阵列”命令

任务 2.3 绘制篮球场平面图

绘制任务

绘制篮球场平面图,如图 2-10 所示。

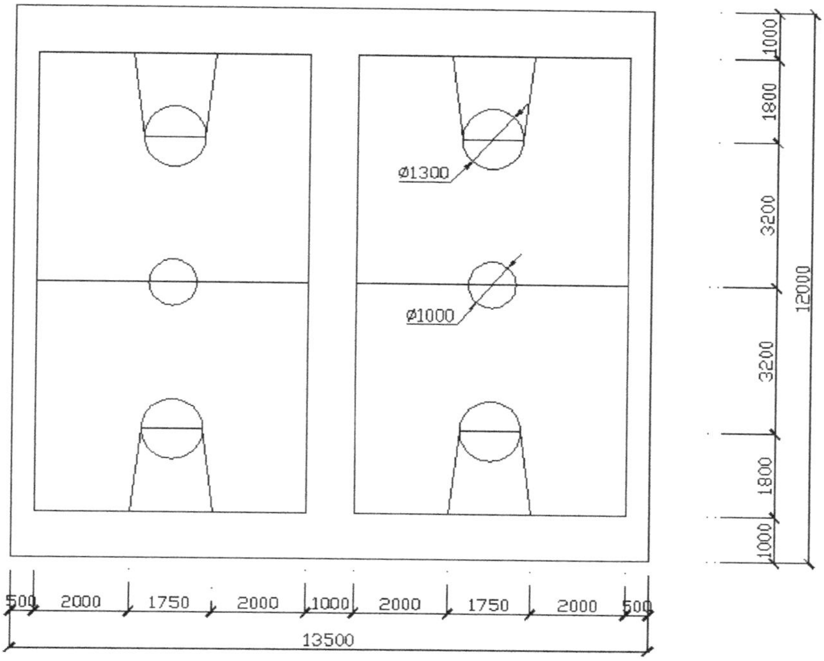

图 2-10　篮球场平面图

学习目标

➢ 掌握镜像命令的使用方法;
➢ 掌握标注样式的设置方法;
➢ 掌握线性标注、半径标注的方法。

2.3.1　绘制四分之一篮球场平面图

步骤如下:

```
命令: _rectang
指定第一个角点或 [倒角(C)/标高(E)/圆角(F)/厚度(T)/宽度(W)]:　　　//在屏幕上点任意一点
指定另一个角点或 [面积(A)/尺寸(D)/旋转(R)]: @13500,12000
命令: RECTANG　　　　　　　　　　//单击空格，重复执行矩形绘制命令
指定第一个角点或 [倒角(C)/标高(E)/圆角(F)/厚度(T)/宽度(W)]: from 基点: <偏移>:
@500,1000　　　　　　　　　　　//以所画矩形的左下端点为基点
指定另一个角点或 [面积(A)/尺寸(D)/旋转(R)]: @5750,5000
```

篮球场边框绘制完成，如图 2-11 所示。

将对象捕捉中点打开，对象追踪打开，捕捉图 2-11 中 *AB* 的中点，向上追踪 1 800，作为圆的中心点，给出 CIRCEL 命令，绘制半径为 650 的圆，命令如下:

```
命令: c CIRCLE 指定圆的圆心或 [三点(3P)/两点(2P)/相切、相切、半径(T)]: 1800
```

```
指定圆的半径或 [直径(D)] <210.0000>: 650
命令: l LINE 指定第一点: 2000  //基点为 A 点，向右对象追踪 200，将对象捕捉中象限点打开
指定下一点或 [放弃(U)]:         //捕捉圆的右象限点 D
```

绘制结果如图 2-12 所示，四分之一篮球场绘制完毕。

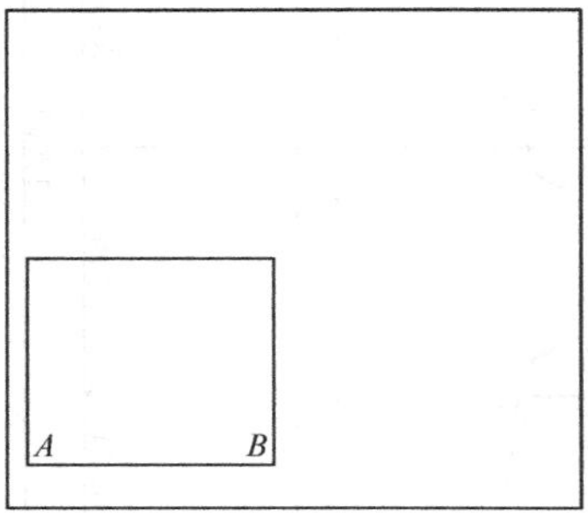

图 2-11　篮球场边框绘制

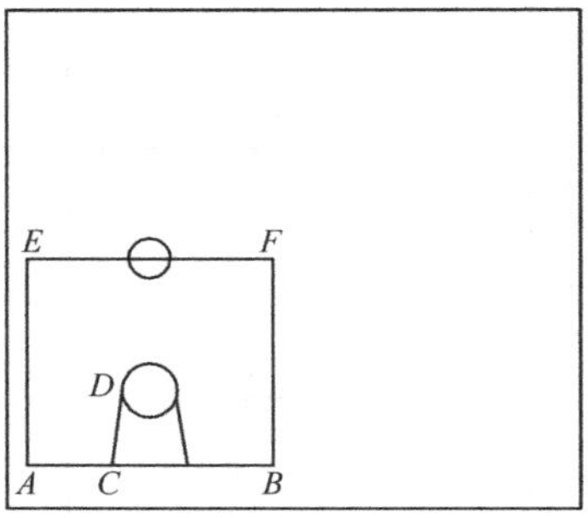

图 2-12　四分之一篮球场

2.3.2　镜像

镜像是指利用原有图形创建新图形的一种方法。镜像功能是创建轴对称图形最快速的方法。对于一个对称图形，用户可以先创建图形的一半，然后使用镜像的方法产生另一半。激活镜像命令的方法如下：

（1）执行“修改”菜单中的“镜像”命令。

（2）单击“修改”工具栏上的“镜像”按钮。

（3）在命令窗口输入镜像命令 Mirror(Mi)。

图 2-10 所示的篮球场是个轴对称图形，可以利用所绘制的四分之一篮球场通过镜像命令，绘制出其他部分篮球场。绘制命令如下：

```
命令: mirror
选择对象: 指定对角点: 找到 4 个          //选择要镜像的对象
选择对象: 指定镜像线的第一点: 指定镜像线的第二点:
                                        //选择篮球场轮廓上下两边的中点为对称轴
要删除源对象吗? [是(Y)/否(N)] <N>:      //默认不删除源对象
```

镜像结果如图 2-13（a）所示，按照同样的方法镜像出另外一半篮球场，绘制命令如下：

```
命令: _mirror
选择对象: 指定对角点: 找到 12 个
选择对象: 指定镜像线的第一点: 指定镜像线的第二点:    //选择对称轴
要删除源对象吗? [是(Y)/否(N)] <N>:
```

镜像结果如图 2-13（b）所示。篮球场绘制完毕。

2.3.3　工程标注

在 AutoCAD 中绘图时，设计过程通常分为四个阶段：绘图、注释、查看和打印。标注是一种通用的图形注释，可以显示对象的测量值，如直线的长度、圆的半径、矩形的边长、

角度值等。

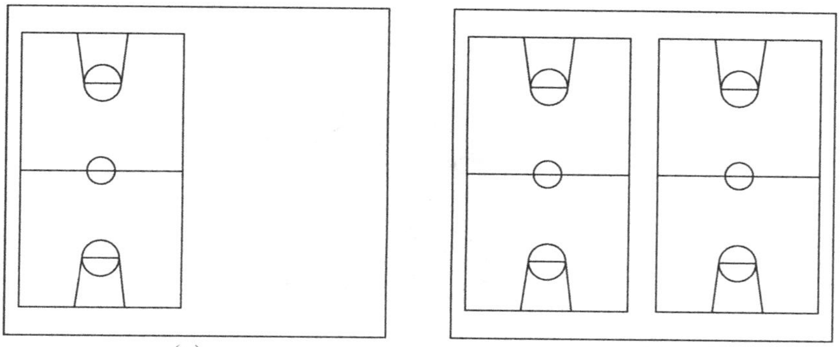

（a）　　　　　　　　（b）

图 2-13　绘制篮球场平面图

1. 标注元素

尺寸标注的要素与我国工程图绘制标准类似，由尺寸界线、尺寸线、箭头（建筑图形多用斜短线）和标注文字构成。

说明如下：

（1）尺寸界线用细实线表示；通常情况下，尺寸界线垂直于尺寸线，并超出尺寸线 2 mm 左右；尺寸界线不宜与被标注的轮廓线相接，一般应有不小于 2 mm 左右的间隙。

（2）尺寸线用细实线表示；一般情况下，尺寸线不超出尺寸界线；尺寸线与被标注的轮廓线之间的距离及相互平行的尺寸线之间的距离一般应控制在 7～8 mm 之间。

（3）箭头可以采用多种方式，如实心闭合、建筑标记等，具体采用的形式根据实际工程图的绘制要求确定；在建筑工程图中，箭头一般采用 45° 倾斜的中短线（斜短线）；当相邻的尺寸界线间距较小时，可以采用小圆点代替斜短线。

（4）建筑工程图中尺寸标注的大小反映被标注实体的尺寸，通常与绘图的比例尺寸无关；尺寸标注的大小除了高度以米为单位外，其他部分均以毫米为单位，尺寸标注不需要注明单位；尺寸标注文字的高度一般控制在 3.5 mm；尽可能避免任何图形实体与尺寸文字相交，当不可避免时，必须将图形实体断开。

2. 标注类型

常用的尺寸标注有线性标注、对齐标注、弧长标注、坐标标注、半径标注、折弯标注、直径标注、角度标注、快速标注、基线标注、连续标注、等距标注、公差标注、圆心标注等。

3. 标注样式设置

单击“格式”菜单中的“标注样式”命令，打开“标注样式管理器”对话框，如图 2-14 所示。

单击“新建”按钮，打开“创建新标注样式”对话框，在“新样式名”文本框中输入“建筑”，如图 2-15 所示，单击“继续”按钮，打开“新建标注样式：建筑”对话框，如图 2-16 所示。“新建标注样式：建筑”对话框中包含“线”、“符号和箭头”、“文字”、“调整”、“主单位”、“换算单位”和“公差”7 个选项卡。

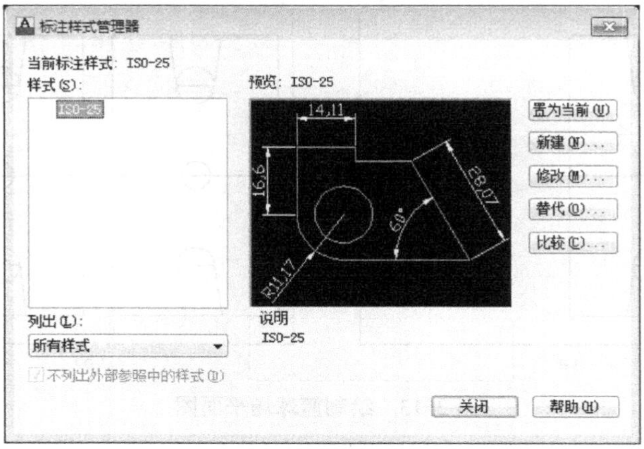

图 2-14 “标注样式管理器”对话框

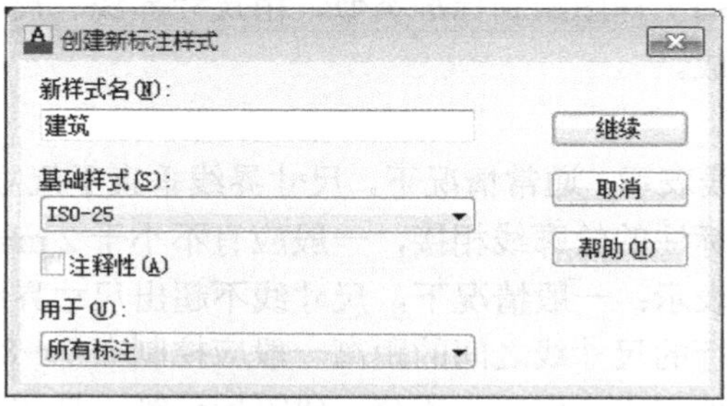

图 2-15 “创建新标注样式”对话框

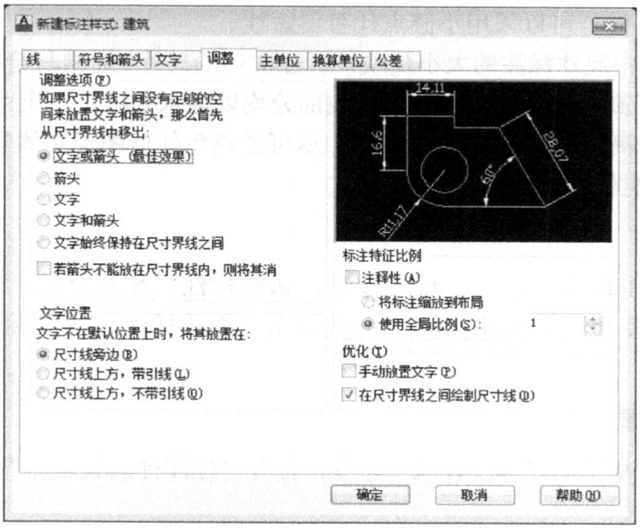

图 2-16 “新建标注样式：建筑”对话框

各选项卡的功能及作用如下。

（1）“线”选项卡：用来设置尺寸线及尺寸界线的格式和位置。

（2）“符号和箭头”选项卡：用来设置箭头及圆心标记的样式和大小、弧长符号的样式、半径折弯角度等参数。

（3）“文字”选项卡：用来设置文字的外观、位置、对齐方式等参数。

（4）“调整”选项卡：用来设置标注特征比例、文字位置等，还可以根据尺寸界线的距离设置文字和箭头的位置。

（5）“主单位”选项卡：用来设置主单位的格式和精度。

4．设置篮球场的标注样式

（1）单击“符号和箭头”选项卡，在“箭头”选项区域中，将箭头的格式设置为“建筑标记”。

（2）单击“文字”选项卡，在“文字外观”选项区域中，从“文字样式”下拉列表框中选择“数字”文字样式，“文字高度”文本框设置为“30”。

（3）单击“调整”选项卡，在“文字位置”选项区域中，选择“尺寸线上方，带引线”单选按钮。

（4）单击“主单位”选项卡，将“线性标注”选项区域的“单位格式”设置为“小数”，“精度”设置为“0”。

（5）单击“确定”按钮，回到“标注样式管理器”对话框，如图 2-17 所示，单击“关闭”按钮，完成“建筑”标注样式的设置。将创建的建筑标注样式置为当前。

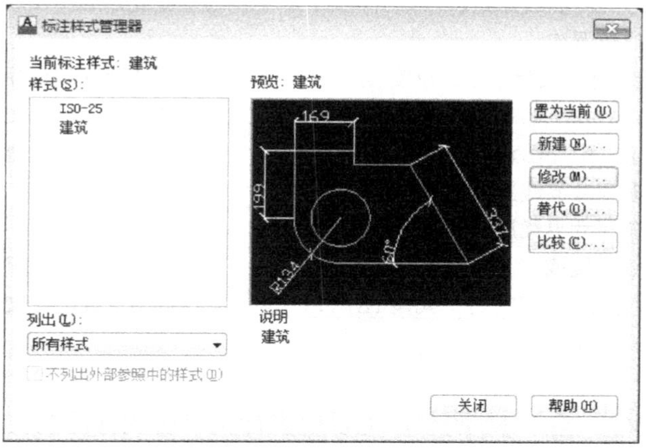

图 2-17　“标注样式管理器”对话框

5．常用标注命令及功能

1）线性标注和对齐标注

两者都是用来标注对象的长度，且操作方法相同。线性标注用来标注对象的水平长度和垂直长度，对齐标注用来标注对象的实际长度。若对象处于水平方向或垂直方向，两者是一样的。

操作的途径有 3 种：

（1）执行菜单“标注”→“线性标注”或“对齐标注”命令。

（2）单击“标注”工具栏上的“线性标注”或“对齐标注”按钮。

（3）在命令窗口输入线性标注命令 dimlinear(Dli)或对齐标注命令 dimaligned(dal)。

以对图 2-18 所示图形标注为例，说明线性标注和对齐标注的操作方法。

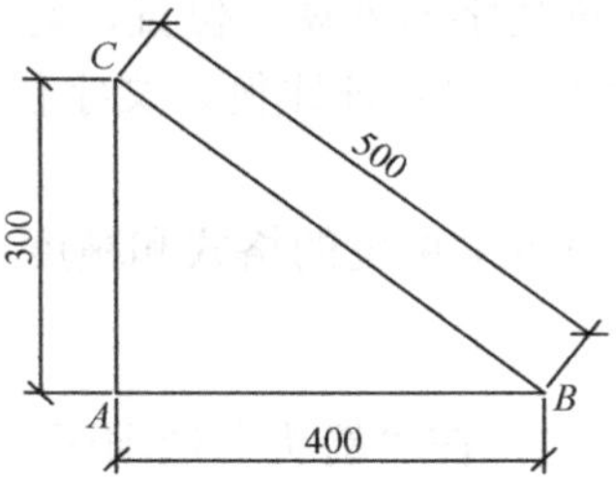

图 2-18　线性标注和对齐标注

```
命令：dimlinear                                   //输入线性标注命令
指定第一条尺寸界线原点或<选择对象>:                //单击 C 点
    指定第二条尺寸界线原点:                        //单击 A 点
    指定尺寸线位置或                               //鼠标滑移指定尺寸线放置的位置
    [多行文字(M)/文字(T)/角度(A)]:
    标注文字=300                                   //自动生成标注文字
    命令：dimlinear                                //重复执行线性标注命令
    指定第一条尺寸界线原点或<选择对象>:            //单击 A 点
    指定第二条尺寸界线原点:                        //单击 B 点
    指定尺寸线位置或
    [多行文字(M)/文字(T)/角度(A)]:                 // 鼠标滑移指定尺寸线放置的位置
标注文字=400                                       //自动生成标注文字
    命令：dal DIMALIGNED                           //执行对齐标注命令
    指定第一条尺寸界线原点或<选择对象>:            //单击 B 点
    指定第二条尺寸界线原点:                        //单击 C 点
    指定尺寸线位置或                               //鼠标滑移指定尺寸线放置的位置
    [多行文字(M)/文字(T)/角度(A)]:                 //自动生成标注文字
    标注文字= 500
```

选项说明如下：

（1）多行文字（M）：输入 M 回车，可以用多行文字替代标注的文字，默认状态下标注文字是自动生成的，为对象的实际长度（称为测量单位），输入 M 回车后可直接输入新的标注文字（称为文字替代）。

（2）文字（T）：输入 T 回车，可以用单行文字替代标注的文字。

（3）角度（A）：输入 A 回车，可以调整文字的方向。

2）直径标注、半径标注、弧长标注和折弯标注

这类标注的对象都是圆或圆弧，直径标注、半径标注、弧长标注的操作方法相同，折弯标注也称为大半径标注。当弧线的半径很大时，圆心离弧线太远，若用半径标注，尺寸线会伸出图形界限之外，这时可采用折弯标注。

操作的途径有 3 种：

（1）执行菜单“标注”中的“直径”或“半径”或“弧长”或“折弯”命令。

（2）单击“标注”工具栏上的“直径”或“半径”或“弧长”或“折弯”按钮。

（3）在命令窗口输入标注命令 dimdiameter 或 dimradius 或 dimarc 或 dimjogged。

以图 2-19 为例，讲解直径标注、半径标注、弧长标注和折弯标注的标注方法。

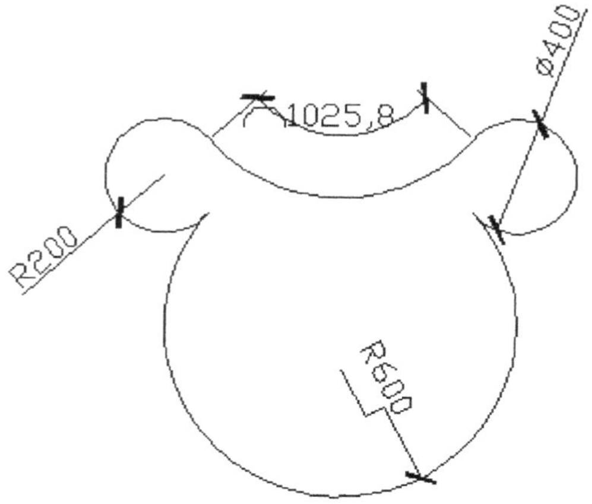

图 2-19　直径标注、半径标注、弧长标注和折弯标注

命令行提示如下：

```
命令: _dimradius
选择圆弧或圆:
标注文字 = 200
指定尺寸线位置或 [多行文字(M)/文字(T)/角度(A)]:
命令:
命令:
命令: _dimdiameter
选择圆弧或圆:
标注文字 = 400
指定尺寸线位置或 [多行文字(M)/文字(T)/角度(A)]:
命令:
命令:
命令: _dimjogged
选择圆弧或圆:
指定图示中心位置:
标注文字 = 600
指定尺寸线位置或 [多行文字(M)/文字(T)/角度(A)]:
指定折弯位置:
命令:
命令:
命令: _dimarc
选择弧线段或多段线圆弧段:
指定弧长标注位置或 [多行文字(M)/文字(T)/角度(A)/部分(P)/引线(L)]:
标注文字 = 1025.8
```

3）角度标注

角度标注操作的途径有 3 种：

（1）执行菜单命令“标注”→“角度”。

（2）单击“标注”工具栏上的“角度”按钮。

（3）在命令窗口输入角度标注命令 Dimangular(Dan)。

以图 2-20 所示的正五边形角度标注为例，讲解角度标注的方法。

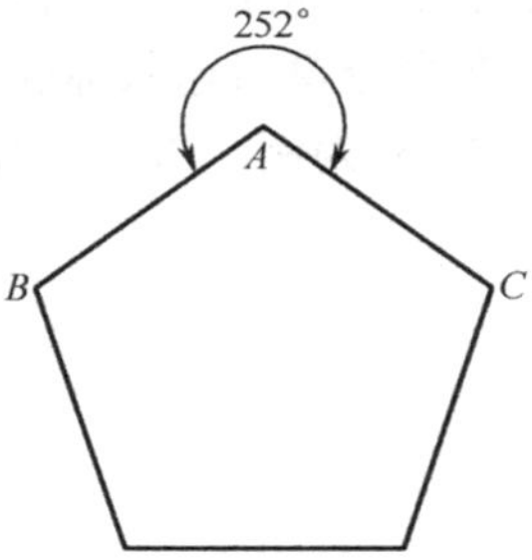

图 2-20　圆弧角度标注

```
命令: _dimangular
选择圆弧、圆、直线或 <指定顶点>:                //直接按空格键
指定角的顶点:                                   //单击 A 点
指定角的第一个端点:                             //单击 B 点
指定角的第二个端点:                             //单击 C 点
指定标注弧线位置或 [多行文字(M)/文字(T)/角度(A)/象限点(Q)]:
                                                //滑移鼠标指定文字的位置
标注文字 = 252
```

4）基线标注

基线标注命令可以创建一系列由相同的标注原点测量出来的标注。各个尺寸标注具有相同的第一条尺寸界线。基线标注命令在使用前，必须先创建一个线性标注、角度标注或坐标标注作为基准标注。下面以图 2-21 为例介绍基线标注的方法。

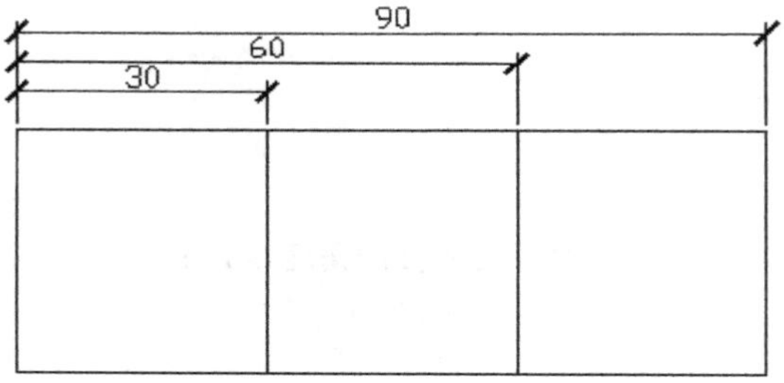

图 2-21　基线标注

```
命令: _dimlinear
指定第一个尺寸界线原点或 <选择对象>:
指定第二条尺寸界线原点:
指定尺寸线位置或
[多行文字(M)/文字(T)/角度(A)/水平(H)/垂直(V)/旋转(R)]:
标注文字 = 30
命令: _dimbaseline
指定第二条尺寸界线原点或 [放弃(U)/选择(S)] <选择>:
标注文字 =60
指定第二条尺寸界线原点或 [放弃(U)/选择(S)] <选择>:
标注文字 = 90
```

注意： 基线标注命令各选项含义如下。

放弃（U）：表示取消前一次基线标注尺寸。

选择（S）：该选项可以重新选择基线标注的基准标注。

各个基线标注尺寸的尺寸线之间的间距可以在如图 2-16 所示的标注样式中设置，在“线”选项卡的“尺寸线”选项区域中，“基线间距”的值即为基线标注各尺寸线之间的间距值。

5）连续标注

连续标注命令可以创建一系列端对端的尺寸标注，后一个尺寸标注把前一个尺寸标注的第二个尺寸界线作为它的第一个尺寸界线。与基线标注命令一样，连续标注命令在使用前，也要先创建一个线性标注、角度标注或坐标标注作为基准标注。下面以图 2-22 为例讲解连续标注的方法。

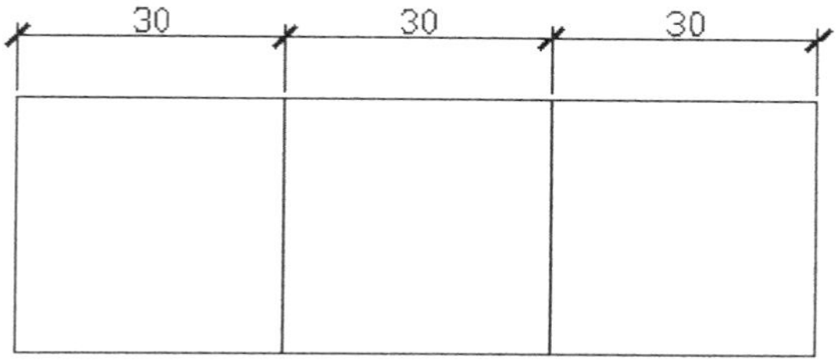

图 2-22　连续标注

```
命令: _dimlinear
指定第一个尺寸界线原点或 <选择对象>:
指定第二条尺寸界线原点:
指定尺寸线位置或
[多行文字(M)/文字(T)/角度(A)/水平(H)/垂直(V)/旋转(R)]:
标注文字 =30
命令: _dimcontinue
指定第二条尺寸界线原点或 [放弃(U)/选择(S)] <选择>:
标注文字 = 30
指定第二条尺寸界线原点或 [放弃(U)/选择(S)] <选择>:
标注文字 = 30
```

6）对篮球场进行标注

利用线性标注和连续标注对绘制好的篮球场进行标注，标注完的图形如图 2-10 所示。

任务 2.4　绘制沙发

绘制任务

绘制沙发平面图，如图 2-23 所示。

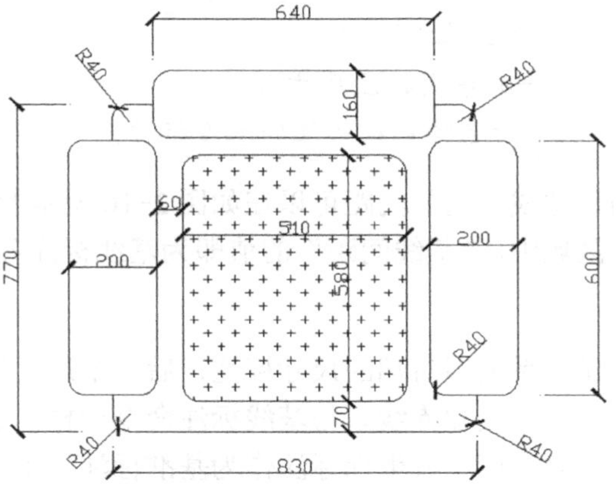

图 2-23　沙发平面图

学习目标

- 掌握圆角矩形的绘制方法;
- 掌握填充的方法。

2.4.1　圆角矩形的绘制

首先绘制 830×770 的圆角矩形，步骤如下:

```
命令: _rectang
指定第一个角点或 [倒角(C)/标高(E)/圆角(F)/厚度(T)/宽度(W)]: f
指定矩形的圆角半径 <0.0000>: 40
指定第一个角点或 [倒角(C)/标高(E)/圆角(F)/厚度(T)/宽度(W)]:
指定另一个角点或 [面积(A)/尺寸(D)/旋转(R)]:
>>输入 ORTHOMODE 的新值 <0>:
正在恢复执行 RECTANG 命令。
指定另一个角点或 [面积(A)/尺寸(D)/旋转(R)]: @830,770
```

用同样的方法绘制其他圆角矩形，使用移动命令将各个圆角矩形放到合适的位置，如图 2-24 所示。

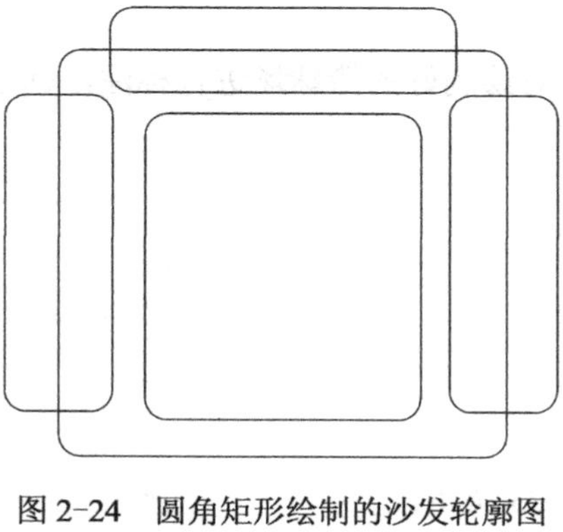

图 2-24　圆角矩形绘制的沙发轮廓图

2.4.2　修剪命令

修剪命令激活的方法有 3 种：

（1）单击“修改”工具栏中的“修剪”按钮。

（2）在命令窗口输入修剪命令 trim。

（3）执行“修改”菜单中的“修剪”命令。

修剪沙发的命令如下：

```
命令: _trim
当前设置:投影=UCS, 边=无
选择剪切边...
选择对象或 <全部选择>:  找到 1 个
选择对象: 找到 1 个, 总计 2 个
选择对象: 找到 1 个, 总计 3 个          //选择沙发靠背和扶手之后按空格键
选择对象:
选择要修剪的对象, 或按住 Shift 键选择要延伸的对象, 或
[栏选(F)/窗交(C)/投影(P)/边(E)/删除(R)/放弃(U)]:
选择要修剪的对象, 或按住 Shift 键选择要延伸的对象, 或
[栏选(F)/窗交(C)/投影(P)/边(E)/删除(R)/放弃(U)]:
选择要修剪的对象, 或按住 Shift 键选择要延伸的对象, 或
[栏选(F)/窗交(C)/投影(P)/边(E)/删除(R)/放弃(U)]:
选择要修剪的对象, 或按住 Shift 键选择要延伸的对象, 或
[栏选(F)/窗交(C)/投影(P)/边(E)/删除(R)/放弃(U)]:  //选择要修剪的部位
```

修剪结果如图 2-25 所示。

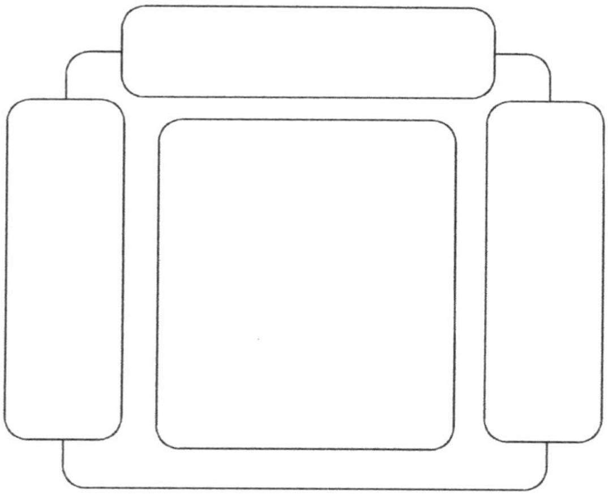

图 2-25　修剪后的沙发平面图

2.4.3　填充命令

1. 图案填充的途径

（1）执行“绘图”菜单中的“图案填充”命令。

（2）单击“绘图”工具栏上的“图案填充”按钮。

（3）在命令窗口输入圆弧命令 Bhath(H)。

执行图案填充命令后，弹出“图案填充和渐变色”对话框，如图 2-26 所示。

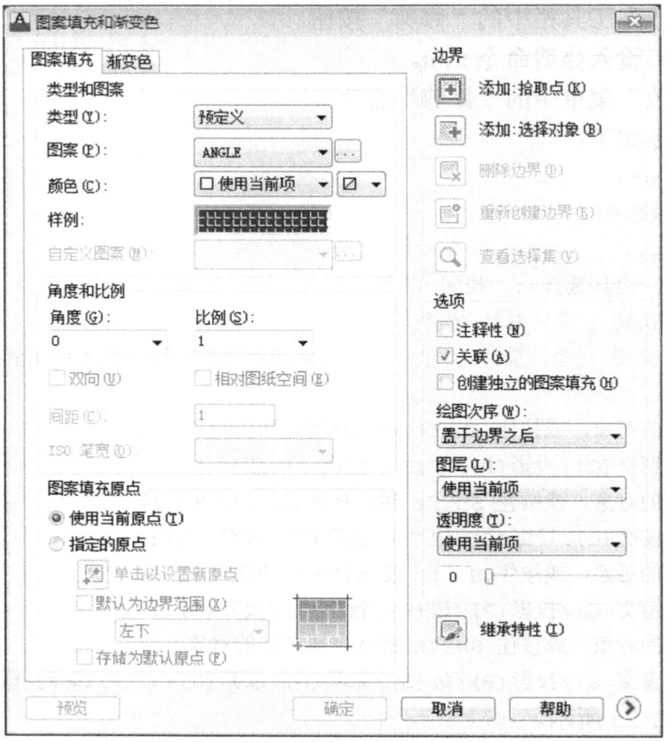

图 2-26 “图案填充和渐变色”对话框

说明：AutoCAD 2013 中，图案填充对填充区域的基本要求有如下 3 条。

（1）区域边界必须封闭。

（2）边界上不应有多余的线条。

（3）区域边界应在同一平面上。

2. 图案填充的步骤

1）设置填充的图案

如图 2-27 所示，单击“图案”右边的选项按钮，弹出“填充图案选项板”，如图 2-28 所示。选择要填充的图案，本案例沙发选择的是第九行第一列的图案，单击“确定”按钮。

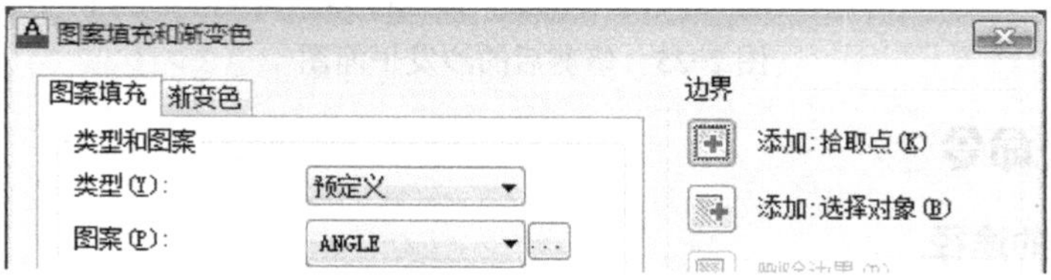

图 2-27 设置图案填充

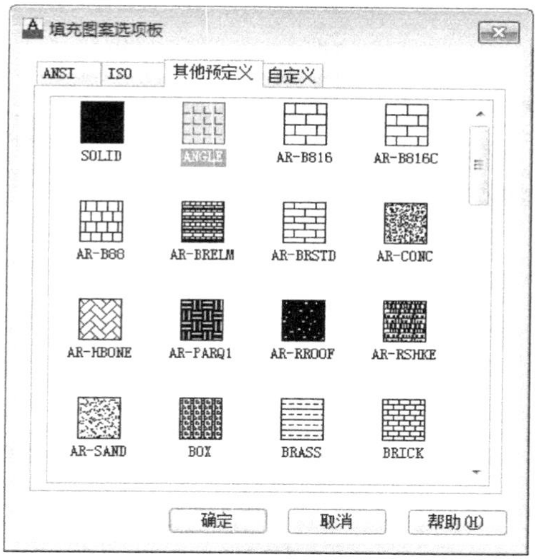

图 2-28　“填充图案选项板”

2）设置角度和比例

（1）角度：图案的填充角度。

（2）比例：图案填充的密集程度。

为使填充的图案美观，经常需要调整图案比例。本案例设置角度为 0，填充比例为 10，可以根据需要自行调整。

3）选择填充区域

填充的图案选择好后，需要选择填充的区域，AutoCAD 2013 提供两种方式选择填充区域，如图 2-29 所示。

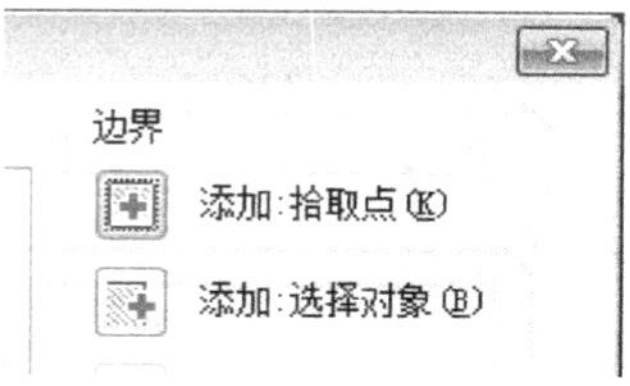

图 2-29　填充区域选择

（1）拾取点：通过单击闭合区域内的任一点选择填充区域，这种方式是以包含该点在内的最近闭合区域作为填充区域

（2）选择对象：通过选择对象的方式确定填充区域，当填充区域由几个简单对象组成时可以采用这种方式。

选好要填充的区域，单击空格键，回到“图案填充和渐变色”对话框，单击“确定”按钮，填充完毕。

3．孤岛

单击“图案填充和渐变色”对话框右下角的“>”按钮，打开孤岛检测选项板，如图 2-30 所示。在这里可以选择填充时的孤岛检测方式，有 3 种：普通、外部、忽略。

图 2-30　孤岛检测选项

任务 2.5　坐便器的绘制

绘制任务

绘制坐便器平面图，如图 2-31 所示。

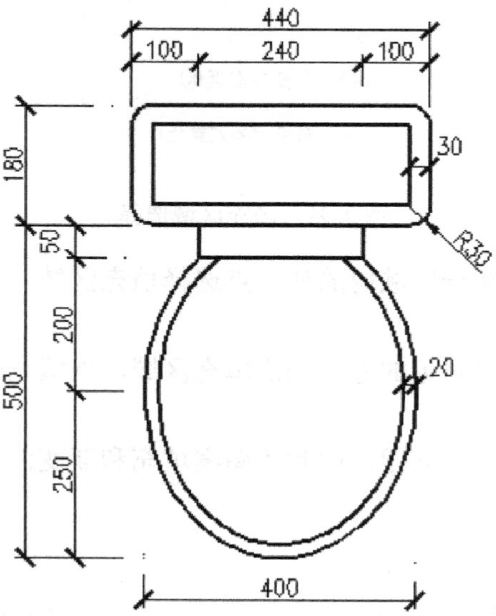

图 2-31　坐便器平面图

学习目标

- 掌握椭圆的绘制方法;
- 综合利用矩形、椭圆绘制命令，偏移、修剪等编辑命令进行图形的绘制。

2.5.1 椭圆

椭圆是由长轴和短轴两条轴决定的，绘制椭圆的途径有 3 种：

（1）执行菜单命令“绘图”→“椭圆”。

（2）单击“绘图”工具栏上的“椭圆”按钮。

（3）在命令窗口输入圆弧命令 Ellipse(EL)。

输入绘制椭圆命令，命令行提示如下：

```
命令: _ellipse
指定椭圆的轴端点或 [圆弧(A)/中心点(C)]:
```

用不同的选项绘制椭圆的方法不同，主要有 3 种：

（1）用中心点绘制椭圆；

（2）用轴、端点绘制椭圆；

（3）用旋转角度绘制椭圆。

2.5.2 绘制坐便器平面图的步骤

1. 绘制矩形

单击“绘图”工具栏中的矩形命令按钮 ，绘制长度为 440、宽度为 180、倒角为 30 的矩形，命令行如下：

```
命令: _rectang
指定第一个角点或 [倒角(C)/标高(E)/圆角(F)/厚度(T)/宽度(W)]: f
指定矩形的圆角半径 <0.0000>: 30
指定第一个角点或 [倒角(C)/标高(E)/圆角(F)/厚度(T)/宽度(W)]:
指定另一个角点或 [面积(A)/尺寸(D)/旋转(R)]: @440,180
```

2. 进行偏移

单击“修改”工具栏中的偏移命令按钮 ，向里偏移 30，命令行提示如下：

```
命令: _offset
当前设置: 删除源=否  图层=源  OFFSETGAPTYPE=0
指定偏移距离或 [通过(T)/删除(E)/图层(L)] <通过>: 30
选择要偏移的对象，或 [退出(E)/放弃(U)] <退出>:
指定要偏移那一侧上的点，或 [退出(E)/多个(M)/放弃(U)] <退出>:
```

绘制长度为 240、宽度为 50 的矩形，打开对象捕捉中点，将其移动到合适的位置。

3. 绘制椭圆

找到椭圆的中心点，绘制一个轴长分别为 500 和 400 的椭圆，把画好的椭圆向里偏移 20，然后修剪即可。绘制椭圆的方法如下：

（1）用中心点绘制椭圆。命令提示行如下：

```
命令：_ellipse
指定椭圆的轴端点或 [圆弧(A)/中心点(C)]：c
指定椭圆的中心点：250        //利用对象追踪沿矩形中心点向下追踪 250，找到椭圆中心点
指定轴的端点：               //即为 3）中所绘制矩形底边的中心点
指定另一条半轴长度或 [旋转(R)]：200
```

（2）用轴、端点绘制椭圆。命令提示行如下：

```
命令：_ellipse
指定椭圆的轴端点或 [圆弧(A)/中心点(C)]：  //即为 1 中所绘制矩形底边的中心点
指定轴的另一个端点：500
指定另一条半轴长度或 [旋转(R)]：200
```

4. 进行修剪

利用修剪命令，将多余的线条删除掉。命令如下：

```
命令：_trim
当前设置:投影=UCS，边=无
选择剪切边...
选择对象或 <全部选择>：  找到 1 个
选择对象：
选择要修剪的对象，或按住 Shift 键选择要延伸的对象，或
[栏选(F)/窗交(C)/投影(P)/边(E)/删除(R)/放弃(U)]：
选择要修剪的对象，或按住 Shift 键选择要延伸的对象，或
[栏选(F)/窗交(C)/投影(P)/边(E)/删除(R)/放弃(U)]：
```

坐便器平面图绘制完成，如图 2-31 所示。

任务 2.6　绘制装饰栏杆

绘制任务

绘制装饰栏杆立面图，如图 2-32 所示。

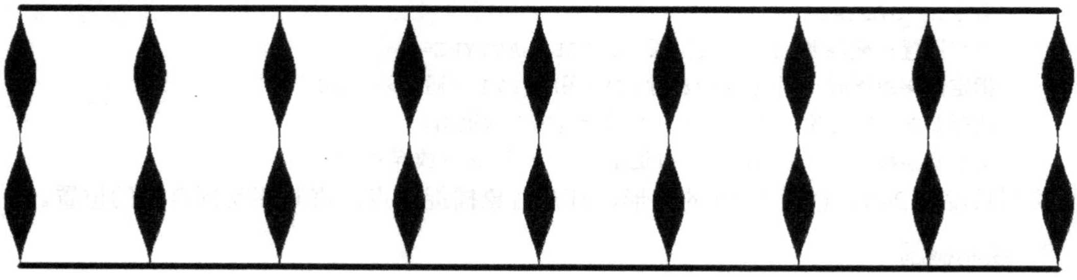

图 2-32　装饰栏杆立面图

学习目标

- 掌握样条曲线的绘制方法；
- 掌握块的定义；
- 掌握 ME 命令。

2.6.1　样条曲线

样条曲线是通过拟合一系列的数据点而成的光滑曲线。样条曲线可以用来精确表示对象的造型，可以通过指定点来创建样条曲线，也可以封闭样条曲线使其起点和端点重合。

图 2-33　样条曲线

1. 绘制样条曲线的方法

一是从“绘图”下拉菜单中选择“样条曲线”选项；二是在命令行中输入 SPLINE 或 SPL 命令按空格键或回车键；三是单击“绘图”工具栏中的“样条曲线”按钮。绘制图 2-33 所示的样条曲线，命令行提示如下：

```
命令: _spline
指定第一个点或 [对象(O)]:  //在屏幕上任意选一点作为起点
指定下一点: @-25,-125
指定下一点或 [闭合(C)/拟合公差(F)] <起点切向>: @25,-125
指定下一点或 [闭合(C)/拟合公差(F)] <起点切向>: @25,-125
指定下一点或 [闭合(C)/拟合公差(F)] <起点切向>: @-25,-125
指定下一点或 [闭合(C)/拟合公差(F)] <起点切向>: @-25,125
指定下一点或 [闭合(C)/拟合公差(F)] <起点切向>: @25,125
指定下一点或 [闭合(C)/拟合公差(F)] <起点切向>: @25,125
指定下一点或 [闭合(C)/拟合公差(F)] <起点切向>: c
指定起点切向:
指定端点切向:
```

2. 编辑样条曲线的方法

除了一般的编辑操作外，系统还提供了专门对样条曲线进行编辑的命令 SPLINEDIT。编辑样条曲线的方法有：在命令行中输入 SPLINEDIT 或 SPE 命令按空格键或回车键，或者单击“修改Ⅱ”工具栏中的“编辑样条曲线”按钮。

2.6.2　块

普通块是指只包含固定图形对象的块，如门窗等块都是由一些固定的直线和曲线构成的，就属于普通块（以下简称块）。块是一个或多个对象形成的对象集合，可以把这个对象集合看成是单一的对象。用户可以在图形中插入块或对块执行比例缩放、旋转等操作。由于块是一个整体，用户无法修改块中的对象，如需修改，可以先将块分解为独立的对象然后再进行操作。

1．块的创建

如果要创建块，必须指定块名、块中对象和块插入点。定义块的方法有 3 种：一是从“绘图”下拉菜单中选择“块”→“创建”选项；二是在命令行中输入 BLOCK 或 B 命令按空格键或回车键；三是单击“绘图”工具栏中的“创建块”按钮。将图 2-33 所绘制的样条曲线填充后，在命令行中输入 BLOCK 命令后弹出“块定义”对话框，输入块名“装饰图案”、添加拾取点、选择定义块的对象，如图 2-34 所示，单击“确定”按钮，定义块完成。

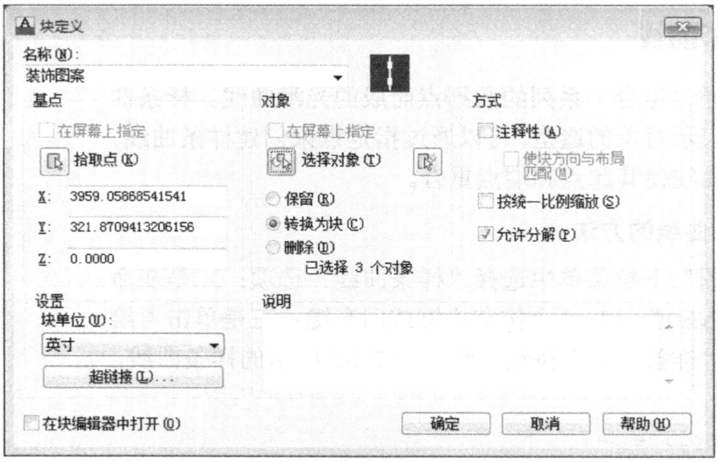

图 2-34　“块定义”对话框

说明

（1）基点：创建块的过程中需要指定的点，它在插入时作为参考点，该点通常设置在块将来插入时与已有图形相关的点上。

（2）“对象”区选项说明：

① 保留：另外创建一个块，原图形不发生变化。

② 转换为块：将原图形直接转换为块并保留。

③ 删除：将原图形直接转换为块并删除原图形。

（3）“方式”区选项说明：

① 注释性：使块方向与图纸方向匹配。

② 按统一比例缩放：在插入该块时，可以输入块的缩放比例。

③ 允许分解：设置是否允许将块分解为单个对象，若勾选此项，将块插入到绘图区域后，可用“分解”命令将该块分解为一个个单独的对象。

2．写块和块的插入

1）写块

按上述方法创建块后，块并不能保存，只是一个临时文件，打开新的窗口后并不能插入在前一个窗口内创建的块，块只能在创建的窗口内使用。要想将创建的块保存并能应用于其他的窗口，需要用到写块的命令 Wblock。执行写块命令后，弹出“写块”对话框，如图 2-35 所示。

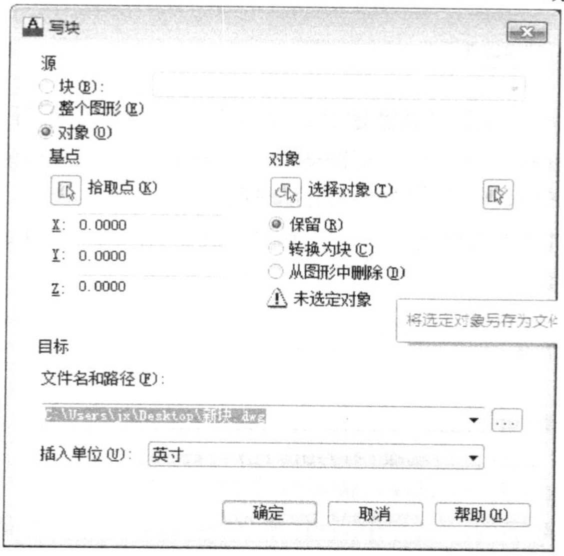

图 2-35　“写块”对话框

完成操作后，一个名称为“新块”的块保存在指定的文件夹中，打开新的窗口后，使用插入块的命令可以从该位置找到此块，从而可以插入绘图区域。

2）块的插入

当用户在图形中定义一个块后，无论块的复杂程度如何，AutoCAD 均将该块作为一个对象。插入块有 3 种方法：一是从“插入”下拉菜单中选择“块”选项；二是在命令行中输入 INSERT 或 I 命令按空格键或回车键；三是单击“绘图”工具栏中的“插入块”按钮。弹出如图 2-36 所示的“插入”对话框，选择要插入块的名称，输入相应的比例，如果需要旋转，输入要旋转的角度，单击“确定”按钮插入块。

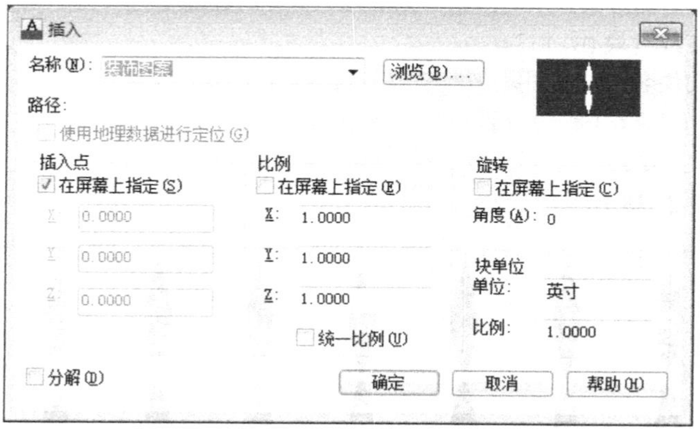

图 2-36　“插入”对话框

说明：

插入点是当插入图块时基点的定位点。使用插入块的操作既能插入创建的块，也能插入写的块。

2.6.3 等距等分（ME）

定距等分是在对象上按指定间隔创建点或插入图块。绘制定距等分的方法有两种：一是从“绘图”下拉菜单中选择“点”→“定距等分”选项；二是在命令行中输入 MEASURE 或 ME 命令按空格键或回车键。绘制装饰栏杆的步骤如下：

（1）绘制水平长为 1600 的直线，并向上偏移 500，如图 2-37 所示。命令行提示如下：

```
命令: _line 指定第一点:
指定下一点或 [放弃(U)]: 1600            //正交打开
指定下一点或 [放弃(U)]:
命令: _offset
当前设置: 删除源=否  图层=源  OFFSETGAPTYPE=0
指定偏移距离或 [通过(T)/删除(E)/图层(L)] <500.0000>:
选择要偏移的对象, 或 [退出(E)/放弃(U)] <退出>:
指定要偏移那一侧上的点, 或 [退出(E)/多个(M)/放弃(U)] <退出>:
```

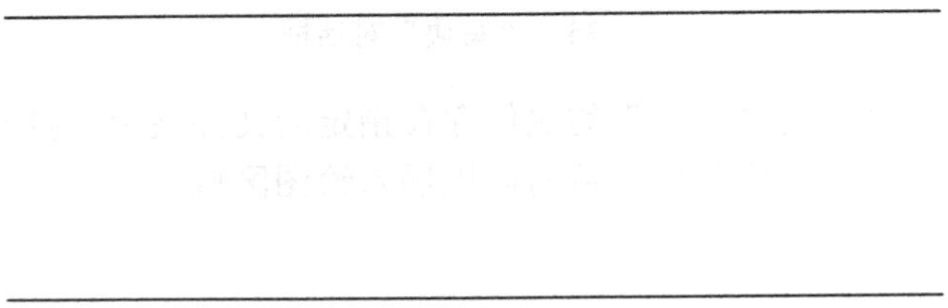

图 2-37　栏杆的绘制

（2）将栏杆等距等分。

命令行如下：

```
命令: MEASURE
选择要等距等分的对象:                 //图 2-37 中的直线
指定线段长度或 [块(B)]: b
输入要插入的块名: 装饰图案           //输入结束后，按回车键
是否对齐块和对象? [是(Y)/否(N)] <Y>: y
指定线段长度: 200
```

绘制后效果如图 2-38 所示。

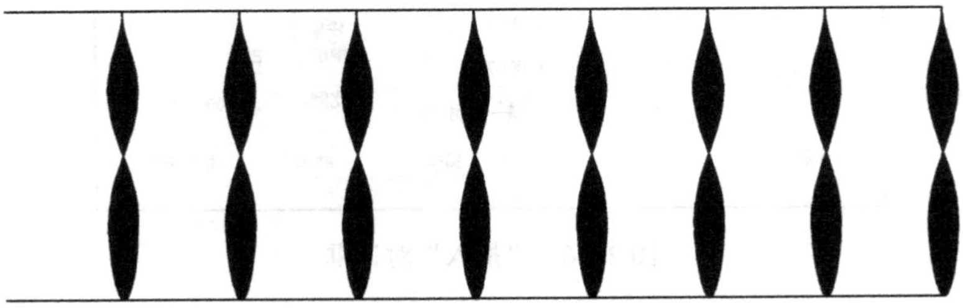

图 2-38　等距等分后的效果

（3）将定义好的装饰图案块插入到栏杆的顶端，装饰栏杆绘制完毕，如图 2-32 所示。

任务 2.7　绘制文字和表格

绘制任务

绘制文字和表格。

学习目标

➢ 掌握文字样式、表格样式的设置方法；
➢ 掌握单行文本和多行文本的输入方法；
➢ 掌握创建表格的方法及相关的表格编辑操作。

2.7.1　创建文字样式

本实例要求创建“汉字”文字样式和“数字”文字样式。“汉字”样式采用“仿宋”字体，不设定字体高度，宽度比例为0.8，用于书写标题栏、设计说明等部分的汉字；“数字”样式采用“Simplex.shx”字体，不设定字体高度，宽度比例为0.8，用于标注尺寸等。

步骤：

1．设置“汉字”文字样式

单击“样式”工具栏中的文字样式命令按钮，弹出“文字样式”对话框。单击“新建”按钮，弹出“新建文字样式”对话框，如图2-39所示，在“样式名”文本框中输入新样式名“汉字”，单击“确定”按钮，弹出“文字样式”对话框，如图2-40所示。将“使用大字体”取消勾选，从“字体名”下拉列表框中选择“仿宋”字体，“宽度因子”文本框设置为0.8，“高度”文本框保留默认的值0，单击“应用”按钮。

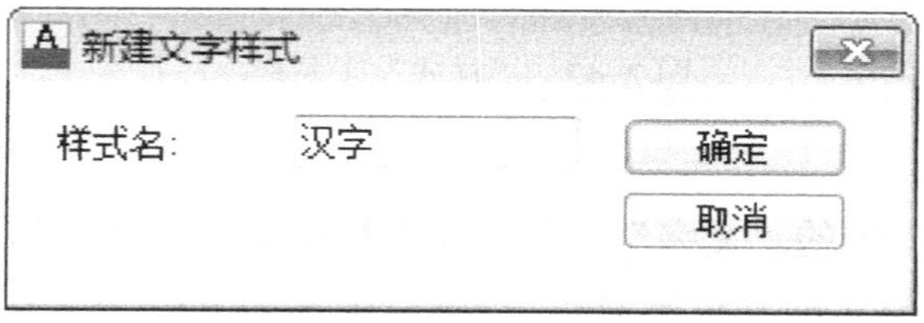

图2-39　“新建文字样式”对话框

2．设置“数字”文字样式

在“文字样式”对话框中，单击“新建”按钮，弹出“新建文字样式”对话框，在“样式名”文本框中输入新样式名“数字”，单击“确定”按钮，返回“文字样式”对话框。从“字体名”下拉列表框中选择“Simplex.shx”字体，“宽度因子”文本框设置为0.8，“高度”文本框保留默认的值0，单击“应用”按钮。

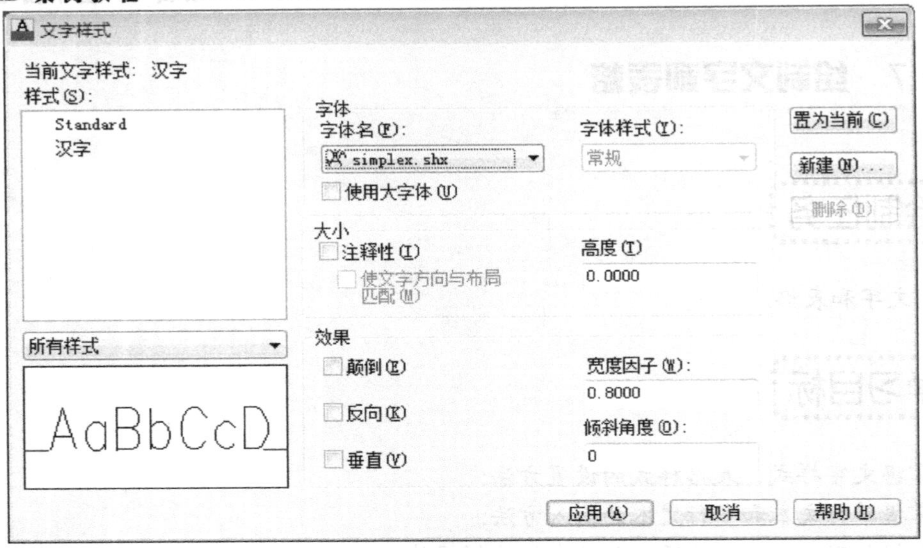

图 2-40 “文字样式”对话框

2.7.2 单行文字

本实例要求创建如图 2-41 所示的单行文字，文字的样式为“汉字”样式，字高为 10。

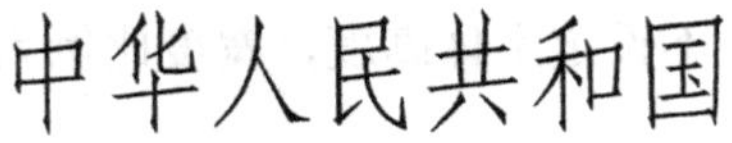

图 2-41 单行文字标注实例

步骤如下：

（1）设置“汉字”样式为当前文字样式。

单击“样式”工具栏中的文字样式命令按钮右侧的下拉列表框，如图 2-42 所示，选择“汉字”样式为当前文字样式。

图 2-42 “样式”工具栏

（2）创建单行文字。

单击菜单栏“绘图”中的“文字”选项，在下拉菜单中选择“单行文字”命令。输入文字高度 10，旋转角度取默认的旋转角度 0，命令行提示如下：

```
命令: _dtext
当前文字样式: 汉字  当前文字高度: 0.2000
指定文字的起点或 [对正(J)/样式(S)]:
指定高度 <0.2000>: 10
指定文字的旋转角度 <0>: 0
```

此时，绘图区将进入文字编辑状态，输入文字“中华人民共和国”，回车换行，再次回车结束命令即可。

注意：在绘图过程中，经常会用到一些特殊的符号，如直径符号、正负公差符号、度符号等，对于这些特殊的符号，AutoCAD提供了相应的控制符来实现其输出功能。常用的控制符号及功能如下：

%%O——打开或关闭文字上画线；

%%U——打开或关闭文字下画线；

%%D——度（°）符号；

%%P——正负公差（±）符号；

%%C——圆直径（ϕ）符号。

单行文字用来创建内容比较简短的文字对象，如图名、门窗标号等。如果当前使用的文字样式将文字的高度设置为0，命令行将显示“指定高度：”提示信息；如果文字样式中已经指定文字的固定高度，则命令行不显示该提示信息，使用文字样式中设置的文字高度。在命令行输入DDEDIT或ED，可以对单行文字或多行文字的内容进行编辑。

2.7.3　多行文字

本实例主要应用多行文字命令创建图纸设计说明，如图2-43所示。

设计说明

1 设计依据

1.1　本工程的建设审批单位对初步设计或方案设计的批复。

1.2　消防、人防等有关部门对工程初步设计的同意书。

1.3　项目的岩土工程勘察报告

1.4　现行的国家有关建筑设计规范、规程和规定。

2 项目概况

2.1　本工程位于XXX，具体位置详见规划总图

2.2　本工程总建筑面积为1397.94平方米。

一层网店建筑面积为188.98平方米

2.3　建筑结构形式为框架结构，耐火等级为二级，使用年限为50年

3 设计标高

3.1　本工程± 0.000相当于绝对标高51.390m

3.2　各层标注标高为完成面标高（建筑面标高），层面标高为结构标高

3.3　本工程标高以m为单位，其他尺寸以mm为单位。

图2-43　图纸设计说明

步骤如下：

单击“绘图”工具栏中的多行文字命令按钮 ，命令行提示如下：

```
命令：_mtext 当前文字样式:" Standard"  当前文字高度:2.5
指定第一角点:
指定对角点或 [高度(H)/对正(J)/行距(L)/旋转(R)/样式(S)/宽度(W)]:
```

在“文字格式”工具栏中，选择“汉字”文字样式，文字高度设置为10。在文字窗口中输入相应的设计说明文字，如图2-44所示。

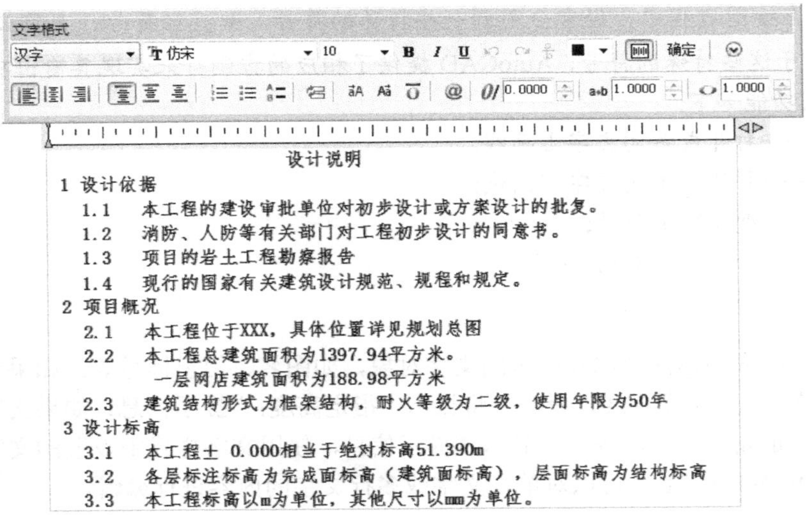

图 2-44 “文字格式”工具栏和文字窗口内容

多行文字用来创建内容较多、较复杂的多行文字，AutoCAD 将其作为一个单独的对象操作。多行文字可以包含不同高度的字符。要使用堆叠文字，文字中必须包含插入符（^）、正向斜杠（/）或磅符号（#）。选中要进行堆叠的文字，单击“文字格式”工具栏中的按钮，即可将堆叠字符左侧的文字堆叠在右侧的文字之上。

2.7.4 文字的编辑

对已有的文字进行编辑有两种方式：

（1）双击文字。

（2）按“Ctrl+1”组合键打开特性选项板，再选中待编辑的文字。

双击文字对象可以打开该文字的文字样式选项卡，在对话框内框选需要修改的文字，然后在选项卡上的标题栏里修改。

2.7.5 表格的绘制

下面以绘制图 2-45 所示的门窗统计表为例，介绍表格的绘制过程。

门窗统计表			
序号	涉及编号	规格	数
1	M-1	1300×200	4
2	M-2	1000×2100	30
3	C-1	2400×1700	10
4	C-2	1800×1700	40

图 2-45 门窗统计表

（1）执行“格式”菜单中的“表格样式”命令，弹出“表格样式”对话框，如图 2-46 所示。单击“新建”按钮新建表格样式，或单击“修改”按钮在原有的“Standard”样式基础之上对其进行修改。单击“修改”按钮，弹出“修改表格样式”对话框，如图 2-47 所示。将数据行、列标题、标题的文字样式改为之前创建好的“汉字”文字样式，对齐方式改为“正中”，如图 2-48 所示。单击“确定”按钮，回到“表格样式”对话框，单击“置为当前”按钮，关闭“表格样式”对话框。

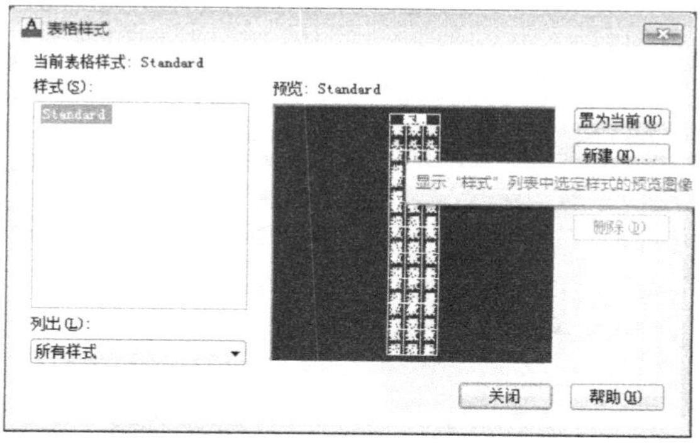

图 2-46　“表格样式”对话框

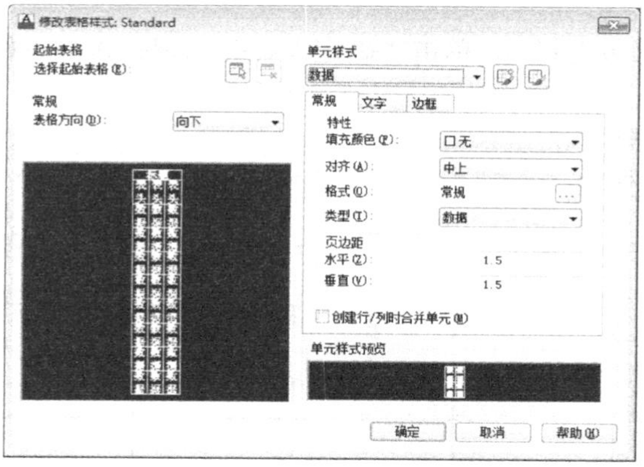

图 2-47　“修改表格样式”对话框

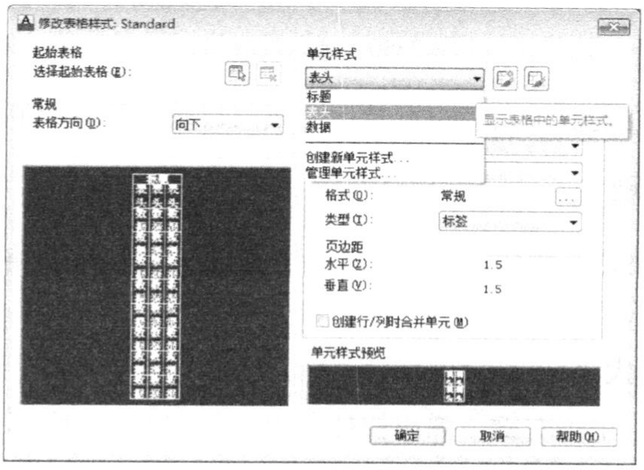

图 2-48　标题、表头、数据样式设置

（2）执行“绘图”菜单中的“表格”命令或在命令行中输入 table 命令，弹出“插入表格”对话框，如图 2-49 所示。

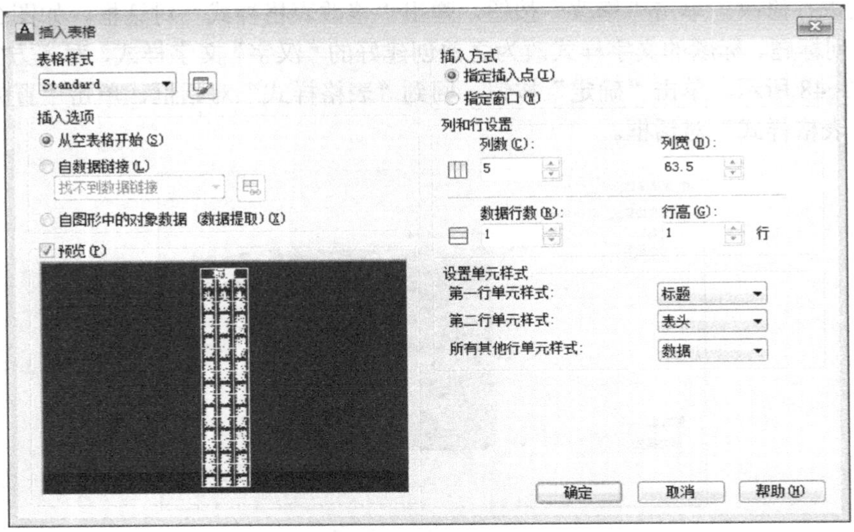

图 2-49　“插入表格”对话框

（3）列数选择 4，行数选择 4，单击“确定”按钮出现插入的表格，如图 2-50 所示。

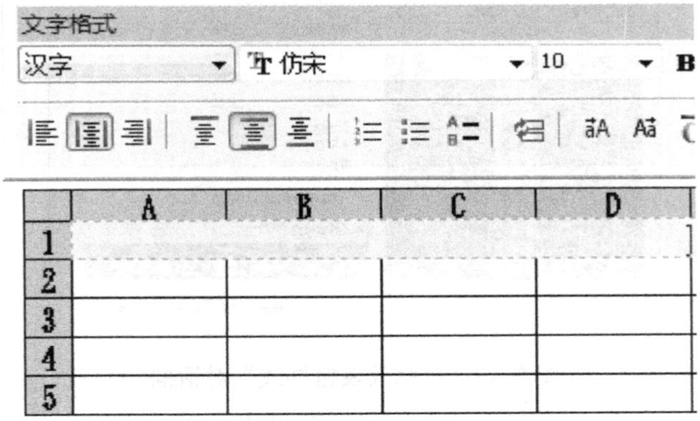

图 2-50　插入的表格

（4）依次在对应的位置输入文字和符号，完成门窗统计表的绘制，如图 2-45 所示。

2.7.6　表格的编辑

可以对创建好的表格进行编辑，如增加一行、增加一列、单元格合并、删除、均匀调整列的大小、均匀调整行的大小等。

1. 均匀调整列、行大小

选中绘制好的表格，单击右键，弹出快捷菜单，如图 2-51 所示，选择相关操作。

2．单元格操作

选中要进行操作的单元格，单击右键，弹出快捷菜单，如图 2-52 所示，选择相关操作。

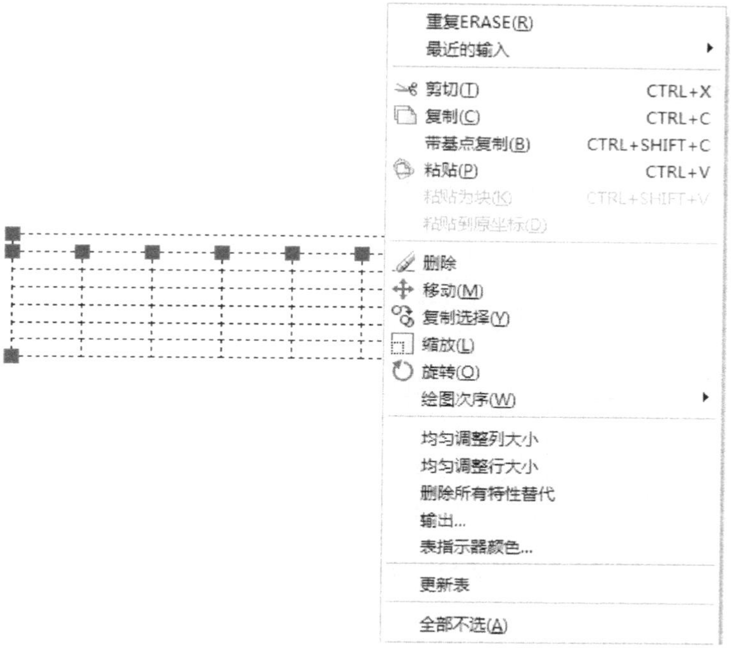

图 2-51　表格右键快捷菜单

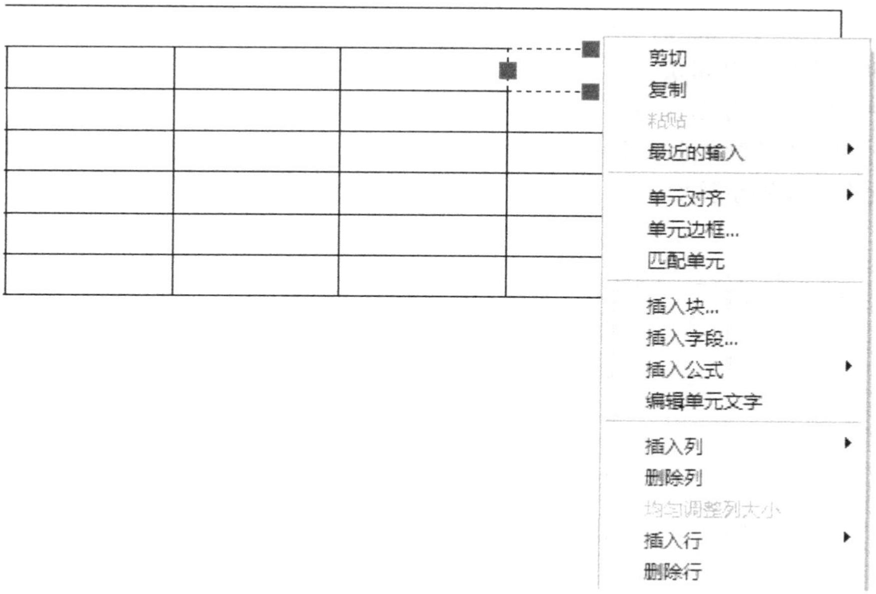

图 2-52　单元格右键快捷菜单

任务 2.8 绘制长形餐桌椅

绘制任务

绘制长形餐桌椅平面图，如图 2-53 所示。

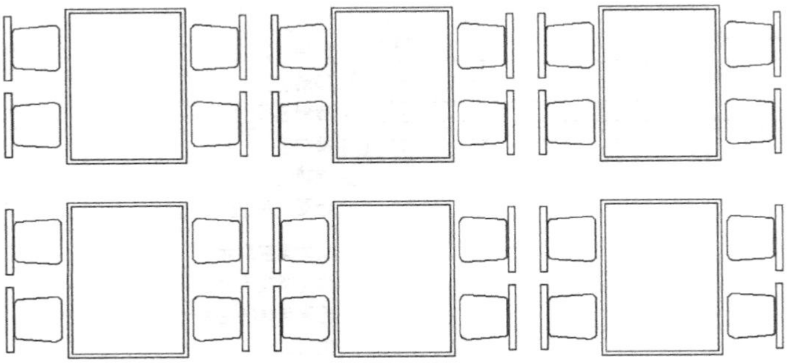

图 2-53 长形餐桌椅平面图

学习目标

➢ 掌握圆角命令 fillet 的使用方法；
➢ 掌握矩形阵列的用法；
➢ 提升学生综合绘图能力。

首先，我们先绘制单套餐桌椅平面图，如图 2-54 所示，然后再通过矩形阵列完成整个餐桌椅平面图。绘制步骤如下。

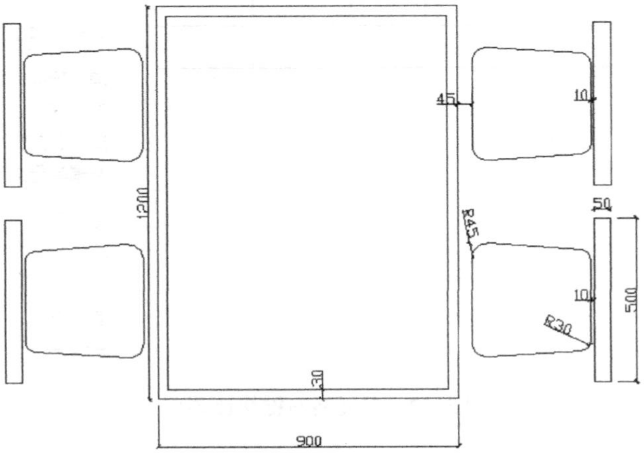

图 2-54 单套餐桌椅平面图

2.8.1 绘制椅子（圆角）

（1）分别绘制 400×400、300×300 的矩形，命令如下：

```
命令：_rectang
指定第一个角点或 [倒角(C)/标高(E)/圆角(F)/厚度(T)/宽度(W)]:
指定另一个角点或 [面积(A)/尺寸(D)/旋转(R)]: @400,400
命令：_rectang
指定第一个角点或 [倒角(C)/标高(E)/圆角(F)/厚度(T)/宽度(W)]:
指定另一个角点或 [面积(A)/尺寸(D)/旋转(R)]: @300,300
```

（2）移动步骤（1）里绘制的矩形，移动结果如图 2-55 所示，参照图 2-56 绘制相应的直线

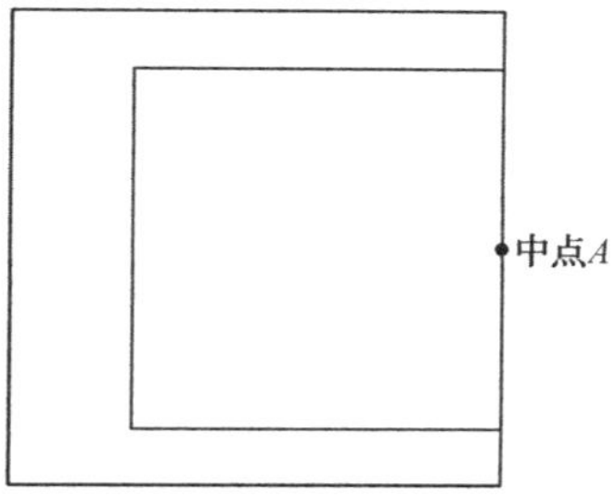

图 2-55　移动后的效果

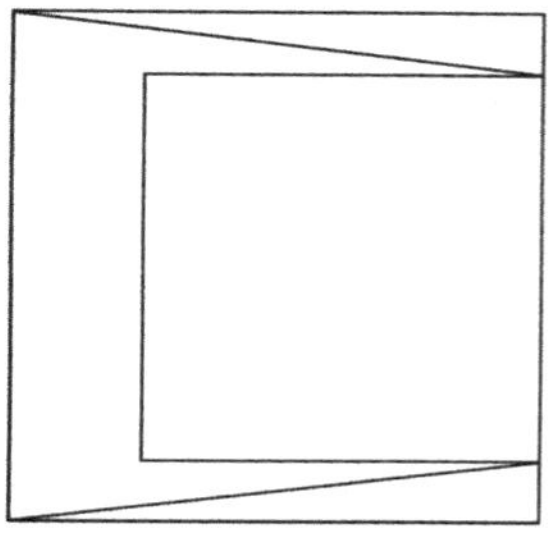

图 2-56　绘制相应直线

（3）将步骤（1）里绘制的两个矩形打散，即分解，分解命令如下：

```
命令：_explode
选择对象：找到 1 个
选择对象：找到 1 个，总计 2 个
```

说明：分解是将复合对象分解为其部件对象，如矩形可以分解为 4 条组成矩形的直线。在希望单独修改符合对象的部件时，可分解复合对象，可以分解的对象包括块、多段线及面域等。

（4）去掉多余的直线，如图 2-57 所示。

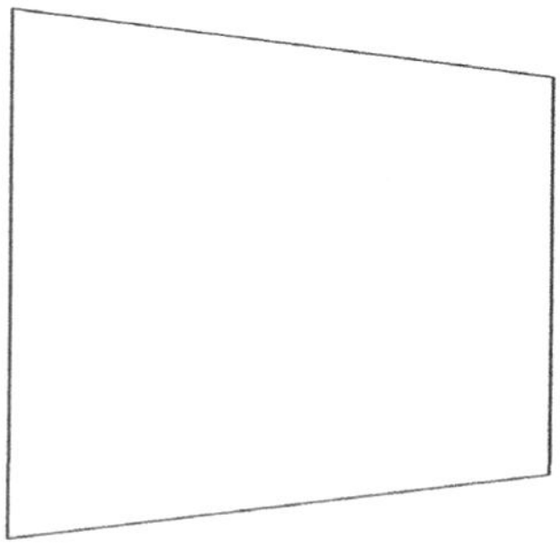

图 2-57　去掉多余直线

（5）倒圆角。

圆角是用指定半径的圆弧连接两个对象。圆角操作的途径有 3 种：

① 执行“修改”菜单中的“圆角”选项。

② 单击“修改”工具栏上的“圆角”按钮。

③ 在命令窗口输入圆角命令 Fillet(F)。

将图 2-57 中的图形进行倒圆角操作，命令如下：

```
命令: _fillet
当前设置: 模式 = 修剪, 半径 = 45.0000
选择第一个对象或 [放弃(U)/多段线(P)/半径(R)/修剪(T)/多个(M)]: r 指定圆角半径
<45.0000>: 45
选择第一个对象或 [放弃(U)/多段线(P)/半径(R)/修剪(T)/多个(M)]:
选择第二个对象, 或按住 Shift 键选择对象以应用角点或 [半径(R)]:
命令: FILLET
当前设置: 模式 = 修剪, 半径 = 45.0000
选择第一个对象或 [放弃(U)/多段线(P)/半径(R)/修剪(T)/多个(M)]:
选择第二个对象, 或按住 Shift 键选择对象以应用角点或 [半径(R)]:
```

同理，将剩下两对直线倒半径为 30 的圆角。绘制结果如图 2-58 所示。

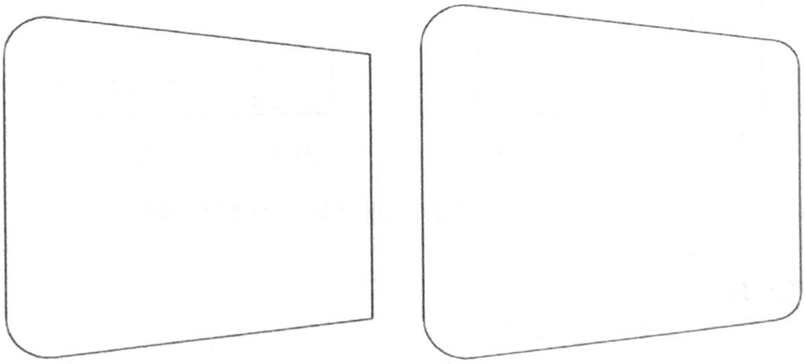

图 2-58　倒圆角

2.8.2　绘制桌面和椅子靠背

绘制 50×500 的矩形作为靠背，绘制 900×1 200 的矩形，之后向内偏移 30 作为桌面。绘制桌面的命令如下：

```
命令: _rectang
指定第一个角点或 [倒角(C)/标高(E)/圆角(F)/厚度(T)/宽度(W)]:
指定另一个角点或 [面积(A)/尺寸(D)/旋转(R)]: @900,1200
命令: _offset
当前设置: 删除源=否  图层=源  OFFSETGAPTYPE=0
指定偏移距离或 [通过(T)/删除(E)/图层(L)] <30.0000>: 30
选择要偏移的对象, 或 [退出(E)/放弃(U)] <退出>:
指定要偏移那一侧上的点, 或 [退出(E)/多个(M)/放弃(U)] <退出>:
```

2.8.3　单体餐桌椅的绘制

将绘制的椅子和桌子通过移动命令放置到合适的位置，如图 2-59 所示。

2.8.4 单套餐桌椅的绘制

通过镜像操作，完成单套餐桌椅的绘制，如图 2-60 所示。

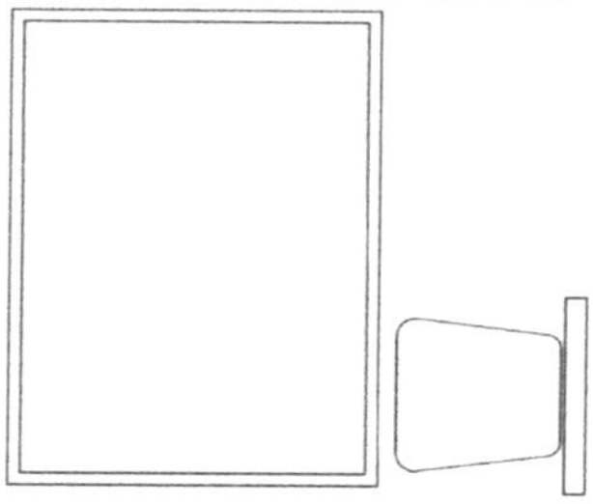

图 2-59 移动椅子到桌旁

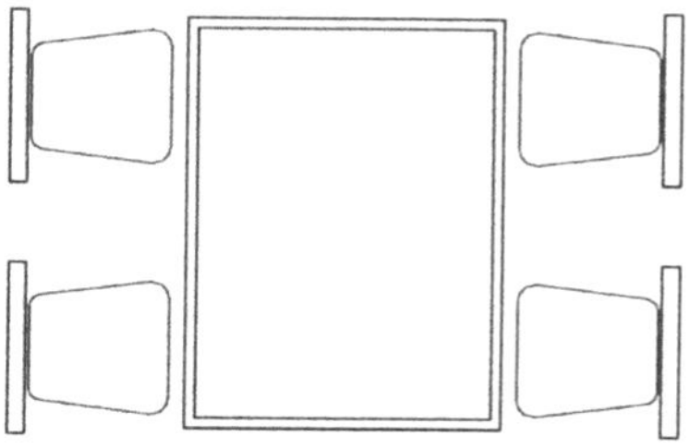

图 2-60 单套餐桌椅绘制图

2.8.5 矩形阵列

矩形阵列是将对象按行列排列。

通过对单套餐桌椅进行 2 行 3 列的矩形阵列完成本项目的绘制。选择“修改”工具栏上的“阵列”按钮或“修改”菜单中“阵列”下拉菜单中的“矩形阵列”，命令提示如下：

```
命令: _arrayrect
选择对象: 指定对角点: 找到 10 个
选择对象:
类型 = 矩形  关联 = 是
选择夹点以编辑阵列或 [关联(AS)/基点(B)/计数(COU)/间距(S)/列数(COL)/行数(R)/层数(L)/退出(X)] <退出>: col
输入列数数或 [表达式(E)] <4>: 3
指定列数之间的距离或 [总计(T)/表达式(E)] <2865>: 3000
选择夹点以编辑阵列或 [关联(AS)/基点(B)/计数(COU)/间距(S)/列数(COL)/行数(R)/层数(L)/退出(X)] <退出>: r
输入行数数或 [表达式(E)] <3>: 2
指定行数之间的距离或 [总计(T)/表达式(E)] <1853.4176>: 2000
```

长形餐桌椅平面图前绘制完毕，如图 2-53 所示。

任务 2.9 绘制箭头（多段线）

绘制任务

绘制箭头，如图 2-61 所示。

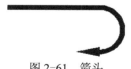

图 2-61 箭头

学习目标

➢ 掌握多段线的使用方法。

多段线（PL）是由一条或多条直线段和圆弧段连接而成的一个单一对象。执行多段线操作的途径有 3 种：

（1）执行“绘图”菜单中的“多段线”命令。

（2）单击“绘图”工具栏上的“多段线”按钮。

（3）在命令窗口输入多段线命令 Pline（PL）。

本节以绘制图 2-61 所示的箭头为例，讲解多段线的绘制方法。

操作步骤如下。

单击“绘图”工具栏中的多段线命令按钮，命令行提示如下：

```
命令: _pline
指定起点:                                   //在绘图区之内任意一点单击
当前线宽为 0.0000
指定下一个点或 [圆弧(A)/半宽(H)/长度(L)/放弃(U)/宽度(W)]: w      //设置线宽
指定起点宽度 <0.0000>: 10                   //输入 10
指定端点宽度 <10.0000>:                     //回车，取默认值 10
指定下一个点或 [圆弧(A)/半宽(H)/长度(L)/放弃(U)/宽度(W)]: 100
                                            //沿水平向右方向输入距离值 100
指定下一点或 [圆弧(A)/闭合(C)/半宽(H)/长度(L)/放弃(U)/宽度(W)]: a
                                            //由绘制直线转为绘制圆弧
指定圆弧的端点或[角度(A)/圆心(CE)/闭合(CL)/方向(D)/半宽(H)/直线(L)/半径(R)/第
二个点(S)/放弃(U)/宽度(W)]: 50              //沿垂直向下方向输入距离值 50
指定圆弧的端点或[角度(A)/圆心(CE)/闭合(CL)/方向(D)/半宽(H)/直线(L)/半径(R)/第
二个点(S)/放弃(U)|宽度(W)]: l               //由绘制圆弧转为绘制直线状态
指定下一点或 [圆弧(A)/闭合(C)/半宽(H)/长度(L)/放弃(U)/宽度(W)]: w
                                            //设置箭头线宽
指定起点宽度 <10.0000>: 20                  //输入起点宽度 20
指定端点宽度 <10.0000>: 0                   //输入端点宽度 0
指定下一点或 [圆弧(A)/闭合(C)/半宽(H)/长度(L)/放弃(U)/宽度(W)]: 25
                                            //沿水平向左方向输入距离值 25
指定下一点或 [圆弧(A)/闭合(C)/半宽(H)/长度(L)/放弃(U)/宽度(W)]:
                                            //回车，结束命令
```

多段线的绘制方法同直线相同，但多段线可以绘制圆弧，在绘制直线的过程中输入 A（a）可以切换到面圆弧方式，同样可以在绘制圆弧的过程中输入 L（l）切换到面直线方式。无论绘制了多少条直线和多少个圆弧，多段线都是单独的一个对象。

关于各选项的说明如下。

（1）圆弧（A）：表示输入 A 可以将面直线方式切换为面圆弧方式。

（2）闭合（C）：表示输入 C 直接闭合多段线，结束命令。

（3）半宽（H）：表示输入 H 可以调整多段线的线宽，输入的值为宽度的一半。
（4）长度（L）：表示输入 L 指定直线段的长度。
（5）放弃（U）：表示输入 U 放弃上一次的操作。
（6）宽度（W）：表示输入 W 指定多段线的宽度。

任务 2.10　绘制标高符号、指北针

绘制任务

（1）绘制标高符号；
（2）绘制指北针。

学习目标

➢ 掌握标高符号的绘制方法及带属性的块的定义方法；
➢ 掌握指北针的绘制要点。

2.10.1　标高及标高符号的绘制

1．图形分析

标高符号是由一个高度为3mm的等腰直角三角形与一根长度适中的直线以及标注数据3部分组成的。建筑制图中的标高符号如图 2-62 所示。

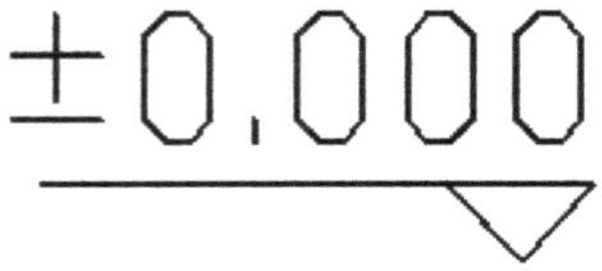

图 2-62　标高符号

施工图中，往往有多种不同位置需要标注不同的标高。下面具体介绍怎样建立标高符号并标注不同的标高值。

2．绘制标高

（1）绘制高度为 3 mm 的等腰直角三角形（如果绘图比例为 1∶100，就绘制 300 mm）。利用“直线”（L）命令，采用相对坐标绘制等腰直角三角形的两条直角边。命令如下：

```
命令：L　并回车
LINE
指定第一点：(可在屏幕上任意指定一点)
指定下一点或[放弃（U）]：@3，-3
指定下一点或[放弃（U）]：@3，3
```

重复利用“直线”（L）命令，绘制用于标注标高数字的直线。

（2）定义带属性的块。

选择菜单“绘图”→“块”→“定义属性...”命令，打开块“属性定义”对话框，如图 2-63 所示。更改对话框设置，其中，“标记”“提示”“默认”文本框的设置值与实际输入的标高值无关，只是起到提示作用。“标记”处输入“BG”，“提示”处输入“请输入标高的值”，“默认”处输入“%p0.000”，在“文字样式”中选择合适的文字样式，如本例中的“标高数据”样式，高度为 3.5。确定设置之后将属性置于标高符号的合适位置。

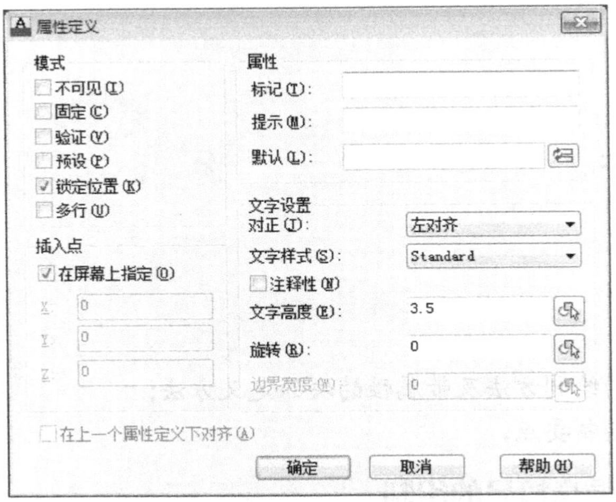

图 2-63　块“属性定义”对话框

输入“块”（B）命令，将符号及块属性创建成一个块，弹出“块定义”对话框，定义块的各项参数，此时标高符号和块属性组成一个整体，且块属性由原来的标记 BG 自动变成默认值±0.000。

输入“插入块”（I）命令，弹出“插入”对话框，选择块名称，单击“确定”按钮。在屏幕上指定输入点，输入正确标高值，插入标高符号。

其他处的标高可以用插入块或复制命令生成，通过双击来更改标高的值。

2.10.2　指北针的绘制

指北针符号是由直径为 24 mm（用细实线绘制）的圆和一个端部宽度为 3 mm 的箭头组成的，指针头部应注明“北”或“N”字样，如图 2-64 所示。需用较大直径绘制指北针时，指针尾部宽度宜为直径的 1/8。绘制时箭头可采用多段线（pl）命令，设置起点宽度为 0，端点宽度为 3，分别捕捉圆的上下两个象限点进行绘制，步骤如下。

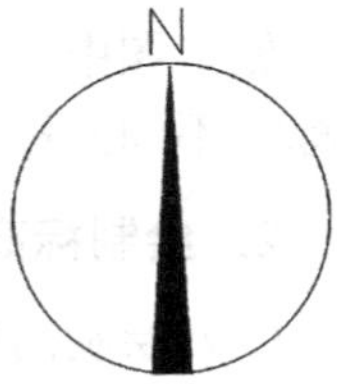

图 2-64　指北针

（1）绘制直径为 24 mm 的圆，命令如下：

```
命令: _circle
指定圆的圆心或 [三点(3P)/两点(2P)/相切、相切、半径(T)]:
指定圆的半径或 [直径(D)]: d
指定圆的直径: 24
```

（2）在对象捕捉中打开象限点捕捉模式，利用 pl 线绘制箭头，命令如下：

```
命令：pl PLINE
指定起点：                    //捕捉圆的上象限点
当前线宽为 0.0000
指定下一个点或 [圆弧(A)/半宽(H)/长度(L)/放弃(U)/宽度(W)]: w
指定起点宽度 <0.0000>:
指定端点宽度 <0.0000>: 3
指定下一个点或 [圆弧(A)/半宽(H)/长度(L)/放弃(U)/宽度(W)]:
```

（3）用单行文本输入 N，用移动命令将其放到合适的位置。指北针绘制完毕。

（4）将其定义为外部块，以文档形式保存，方便插入到需要的文档中。在命令窗口输入 WBLOCK，弹出“写块”对话框，如图 2-65 所示。添加拾取点，选择绘制的指北针为对象，指定文件名和路径，生成外部块。

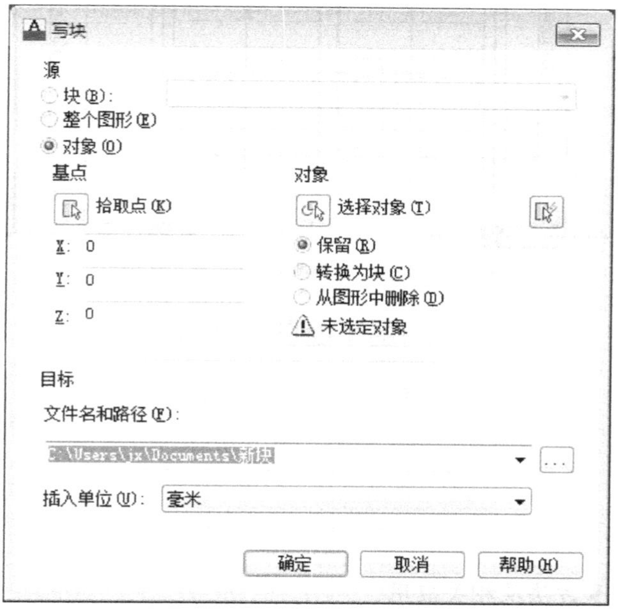

图 2-65　“写块”对话框

注意：创建外部块文件时，必须指定文件保存路径，其他文件插入该块时必须指定相应的路径才能准确插入图块。

任务 2.11　绘制楼梯平面图

绘制任务

绘制楼梯平面图，如图 2-66 所示。

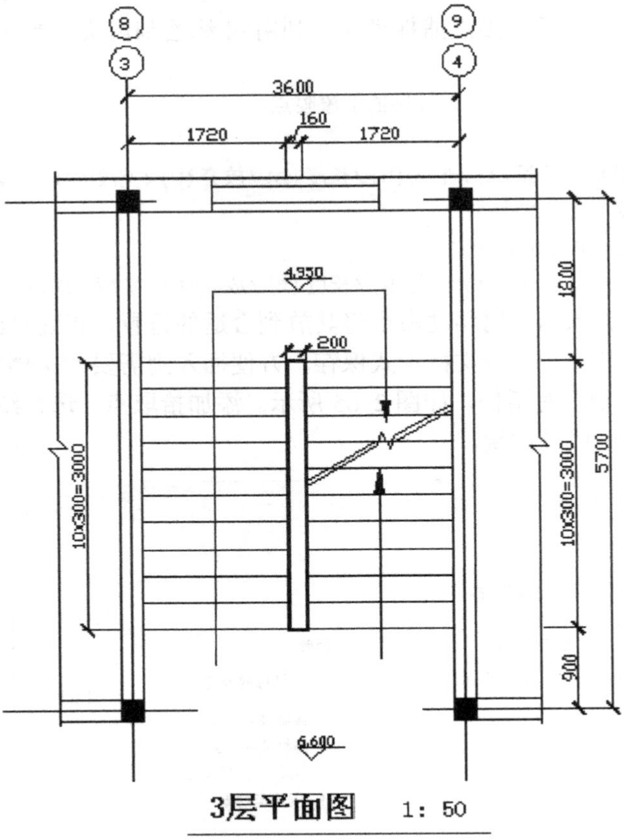

图 2-66 楼梯平面图

学习目标

- 掌握图层的设置方法及相关应用；
- 掌握定位轴线及轴线标号的绘制方法；
- 掌握多线（ML）的使用方法。

2.11.1 图层

图层用于按功能在图形中组织信息以及执行线型、颜色及其他标准。对于一张建筑图纸来说，内容都比较多，为便于绘图修改，通常要设置多个图层。比如一张建筑平面图，常用的图层是根据其构造与图形固有的情况来决定的，一般均设置以下图层：轴线、柱子、墙体、门窗、室内布置、文字标注、尺寸标注等。下面介绍创建图层的方法。

选择“格式”菜单中的“图层”命令，弹出图层特性管理器，如图 2-67 所示。单击新建图层按钮，给新建的图层起名为 fz，颜色选红色，选线型，弹出“选择线型”对话框。如图 2-68 所示。单击“加载”按钮，在弹出的“加载或重载线型”对话框（见图 2-69）中选择 CENTER2。设置之后的图层特性管理器如图 2-70 所示。

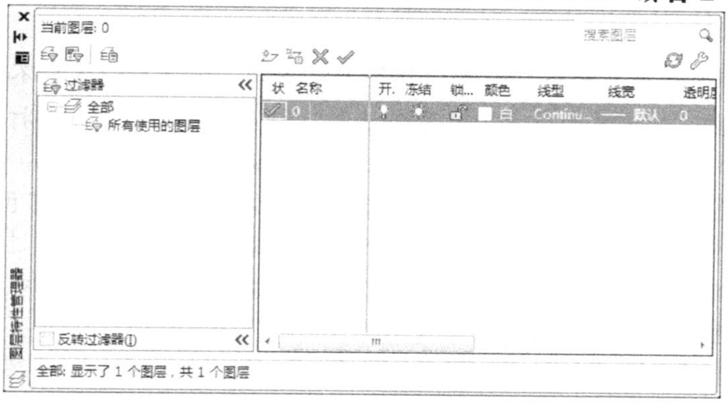

图 2-67　图层特性管理器

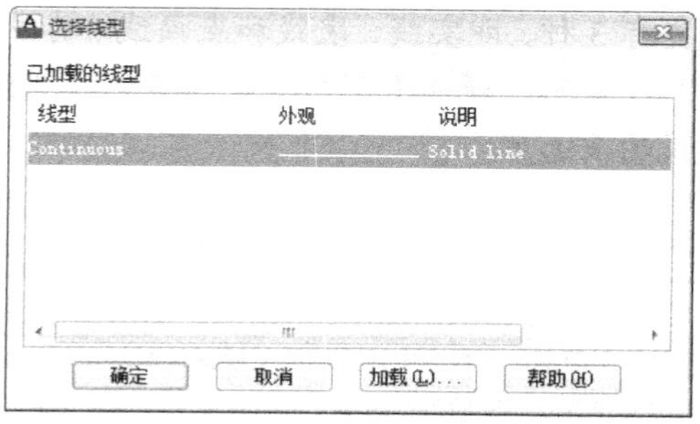

图 2-68　“选择线型”对话框

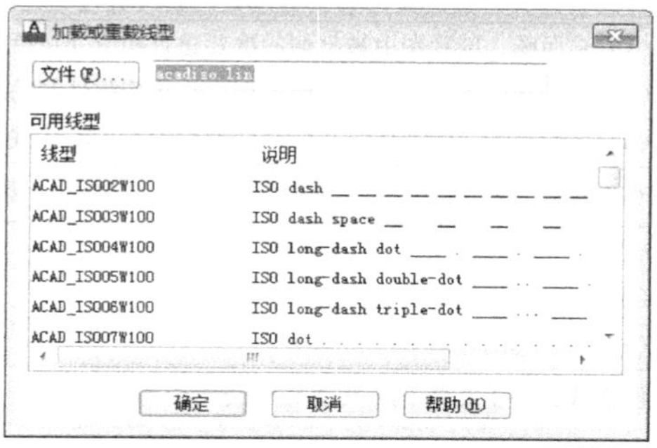

图 2-69　“加载或重载线型”对话框

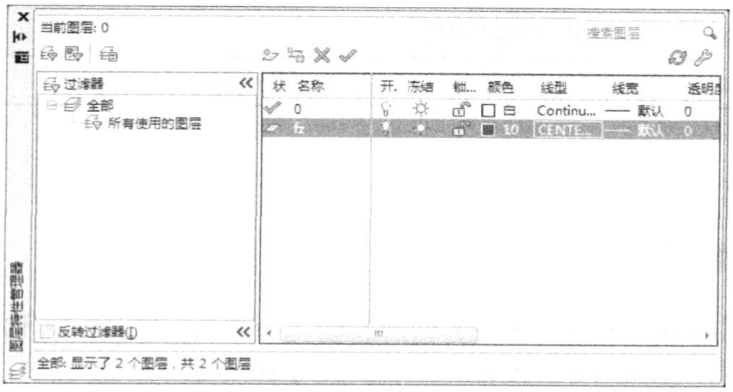

图 2-70　添加新图层后的图层特性管理器

说明：

（1）灯泡 处于灰色状态 时，该图层被关闭。关闭后的图层不可见且不能被编辑，不能打印输出，但在重生成图形时还会计算它们。可以将任何一层打开或关闭。

（2）太阳 变为雪花形状 即为冻结。冻结状态的图层不可见，不能打印；不能冻结当前层。和关闭图层的区别是在重生成图形时不被计算，从而节省了图形重生的时间。

（3）锁定 与解锁 。锁定后的图层可见但不能被编辑。在绘图过程中，为避免不慎删除某层上的对象，还需要其是可见的，可以将该层锁定；当前图层可被锁定，仍可在当前图层上绘制图形，但绘制出的图形是不可修改的。

（4）新建立的图层默认的状态下是可以打印 的。 代表该图层不能打印。

说明：

建筑图纸中的图线主要有 3 种，即实线、虚线和点画线，其中图线的粗细由线宽决定。为了表明不同的内容并使层次分明，须采用不同线型和线宽的图线来绘制图形。图线的线型和线宽可以按表 2-1 的说明来选用。

表 2-1　图线的线型和线宽及其用途

名　称	线　宽	用　途
粗实线	*b*	（1）平面图、剖视图中被剖切的主要建筑构造（包括构配件）的轮廓线； （2）建筑立面图的外轮廓线； （3）建筑构造详图中被剖切的主要部分的轮廓线； （4）建筑构配件详图中的构配件的外轮廓线
中实线	0.5b	（1）平面图、剖视图中被剖切的次要建筑构造（包括构配件）的轮廓线； （2）建筑平面图、立面图、剖视图中建筑构配件的轮廓线； （3）建筑构造详图及建筑构配件详图中的一般轮廓线
细实线	0.35b	小于 0.5b 的图形线、尺寸线、尺寸界线、图例线、索引符号、标高符号等
中虚线	0.5b	（1）建筑构造及建筑构配件不可见的轮廓线； （2）平面图中的起重机轮廓线； （3）拟扩建的建筑物的轮廓线
细虚线	0.35b	图例线、小于 0.5b 的不可见轮廓线
粗点画线	*b*	起重机轨道线
细点画线	0.35b	中心线、对称线、定位轴线
折断线	0.35b	不需画全的断开界线
波浪线	0.35b	不需画全的断开界线、构造层次的断开界线

注：线宽 *b* 的选取应从 2.0、1.4、1.0、0.7、0.5、0.35 mm 的线宽序列中选取。

按照相同的方法，新建墙层、标注层。

2.11.2　定位轴线及轴线编号的绘制

定位轴线是指建筑物主要墙、柱等承重构件加上编号的轴线；定位轴线用细点画线绘制，轴线编号圆为细实线，直径为 8～10 mm（详图上为 10 mm）。

平面图上横向编号应用阿拉伯数字，从左至右顺序编写；竖向编号应用大写拉丁字母（I、

O、Z 除外)，自下而上顺序编写；附加轴线的编号用分数表示，分母为前一轴线的编号，分子为附加轴线的编号，用阿拉伯数字顺序编写。例如：表示 4 号轴线之后附加的第二根轴线；表示在 A 号轴线之前附加的第二根轴线。一个详图适用于几个轴线时，应同时注明有关的轴线编号。例如：：详图用于两个轴线时；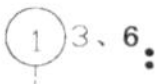：详图用于三个或三个以上轴线时。

1．绘制定位轴线

利用图层工具栏，如图 2-71 所示，将当前图层切换到 fz 层。

图 2-71　图层工具栏

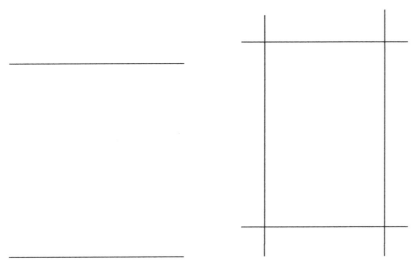

利用直线命令，将正交打开，在水平方向绘制长为 5 000 的直线，利用偏移命令将其水平向上偏移 5 700，结果如图 2-72 所示，命令如下：

```
命令: _line
指定第一个点:
指定下一点或 [放弃(U)]: 5000
指定下一点或 [放弃(U)]:
命令: _offset
当前设置: 删除源=否  图层=源  OFFSETGAPTYPE=0
指定偏移距离或 [通过(T)/删除(E)/图层(L)] <通过>:5700
选择要偏移的对象，或 [退出(E)/放弃(U)] <退出>:
指定要偏移那一侧上的点，或 [退出(E)/多个(M)/放弃(U)] <退出>:
```

同理，绘制竖向定位轴，绘制结果如图 2-73 所示。

图 2-72　偏移后的直线

图 2-73　绘制完成的定位轴线

2．绘制轴线编号

利用 CIRCLE 命令绘制半径为 250 的圆（绘图比例为 1 : 50），利用单行文本添加编号，之后利用复制命令进行复制，步骤不再一一介绍。

2.11.3 设置多线样式

将图层切换到墙层，选择“格式”菜单里的“多线样式”（M）命令，弹出“多线样式”对话框，如图 2-74 所示。单击“新建”按钮，弹出如图 2-75 所示的“创建新的多线样式”对话框，在“新样式名”处输入“370”，单击“继续”按钮，创建 370 墙样式，在如图 2-76 所示对话框中设置相应的参数，单击“确定”按钮，370 墙样式设置结束。同理，设置 240 墙样式，如图 2-77 所示。将 240 置为当前，如图 2-78 所示。

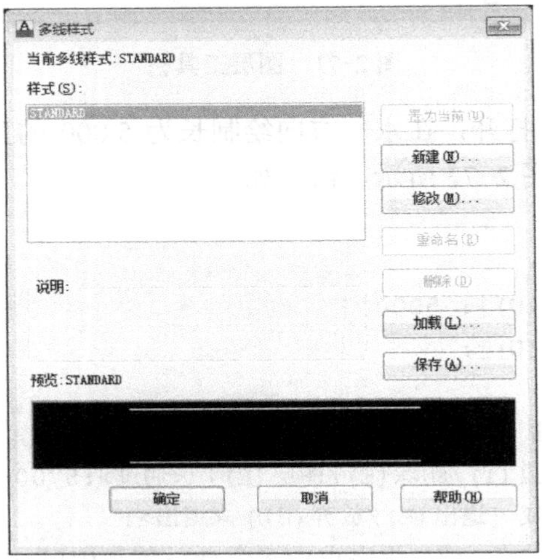

图 2-74　“多线样式”对话框

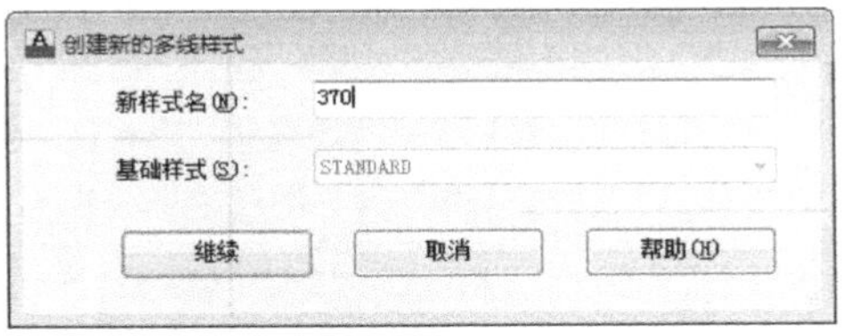

图 2-75　“创建新的多线样式”对话框

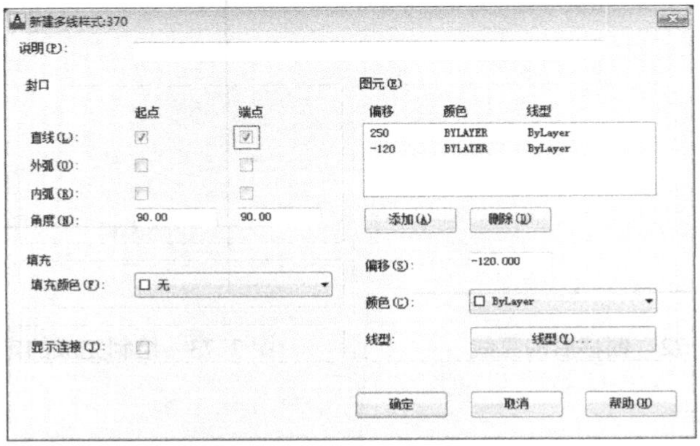

图 2-76　新建多线样式 370 设置对话框

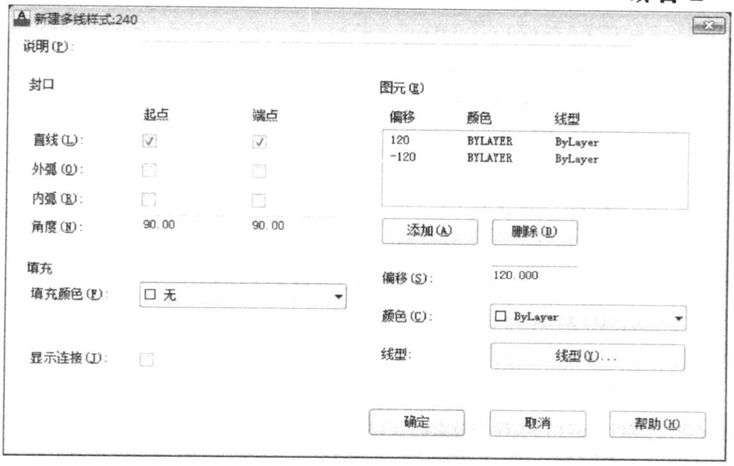

图 2-77　新建多线样式 240 设置对话框

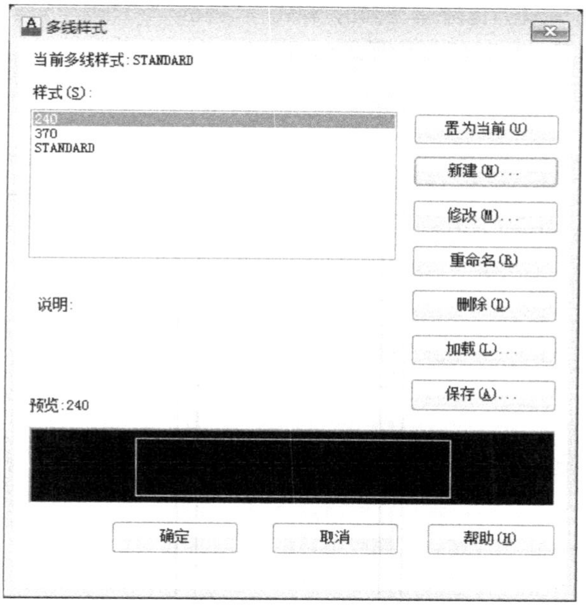

图 2-78　将 240 置为当前

2.11.4　绘制墙体

（1）绘制 240 墙体，将多线样式 240 置为当前，绘制结果如图 2-79 所示。命令如下：

命令：ML
MLINE
当前设置：对正 = 上，比例 = 20.00，样式 = 240
指定起点或 [对正(J)/比例(S)/样式(ST)]：s
输入多线比例 <20.00>：1
当前设置：对正 = 上，比例 = 1.00，样式 = 240
指定起点或 [对正(J)/比例(S)/样式(ST)]：j

```
输入对正类型 [上(T)/无(Z)/下(B)] <上>:  z
当前设置: 对正 = 无, 比例 = 1.00, 样式 = 240
指定起点或 [对正(J)/比例(S)/样式(ST)]:
指定下一点:
指定下一点或 [放弃(U)]:
指定下一点或 [闭合(C)/放弃(U)]:
命令: MLINE
当前设置: 对正 = 无, 比例 = 1.00, 样式 = 240
指定起点或 [对正(J)/比例(S)/样式(ST)]:
指定下一点:
指定下一点或 [放弃(U)]:
指定下一点或 [闭合(C)/放弃(U)]:
```

（2）绘制 370 墙体，将多线样式 370 置为当前，绘制结果如图 2-80 所示。命令如下：

```
命令: ML MLINE
当前设置: 对正 = 无, 比例 = 1.00, 样式 = 370
指定起点或 [对正(J)/比例(S)/样式(ST)]:
指定下一点:
```

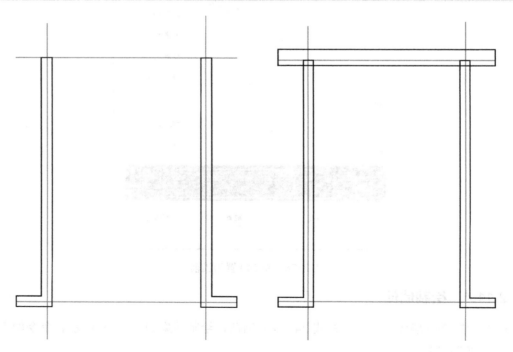

图 2-79　绘制 240 墙

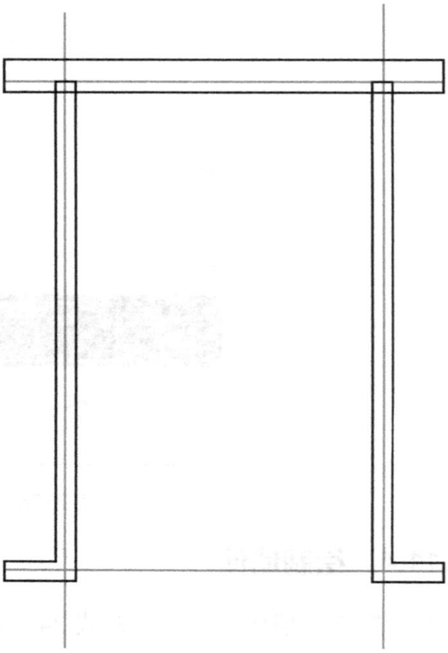

图 2-80　绘制 370 墙

2.11.5　编辑墙节点

双击墙节点或单击菜单“修改”→“对象”→“多线”命令，弹出“多线编辑工具”对话框，如图 2-81 所示。

选择第一行第二列“T 形闭合”，先选择纵向的 240 墙体，再选择和其相交的 370 墙体，

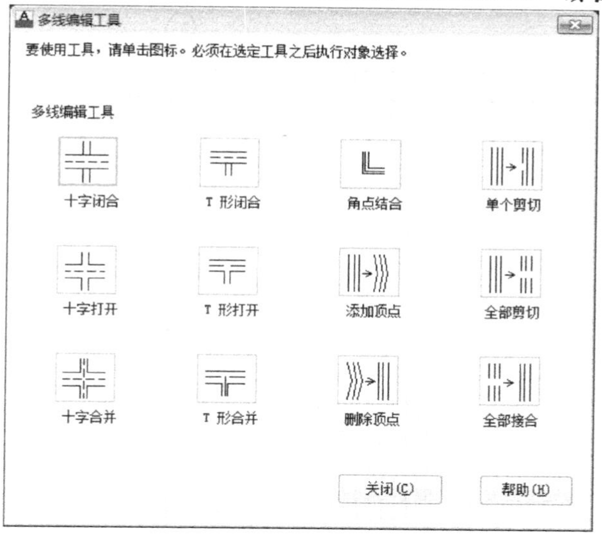

图 2-81　“多线编辑工具”对话框

两者就 T 形闭合了。同理，将其他墙体节点也作 T 形闭合，结果如图 2-82 所示。

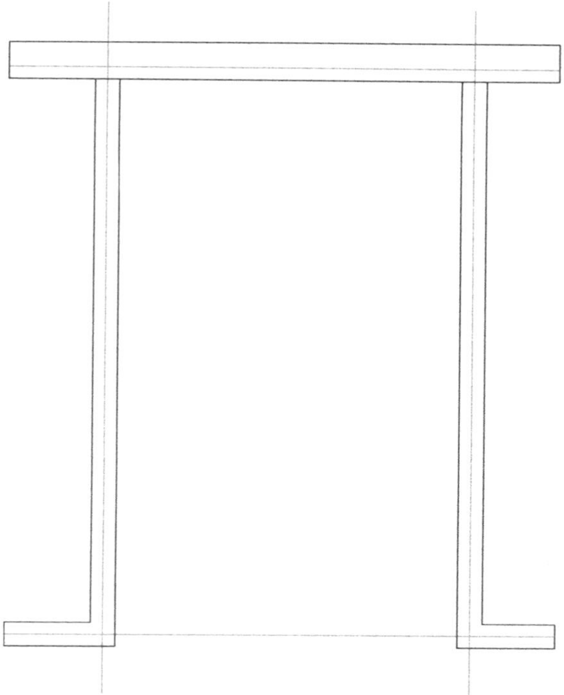

图 2-82　T 形闭合之后的效果

2.11.6　绘制窗户

（1）将轴线 3 向右依次偏移 900、1 800，偏移后的结果如图 2-83 所示。利用修剪命令在墙体上凿出窗洞，如图 2-84 所示。

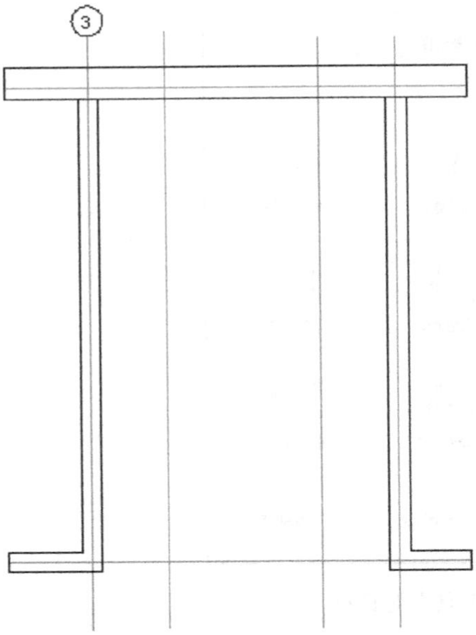

图 2-83　定位轴偏移后的效果

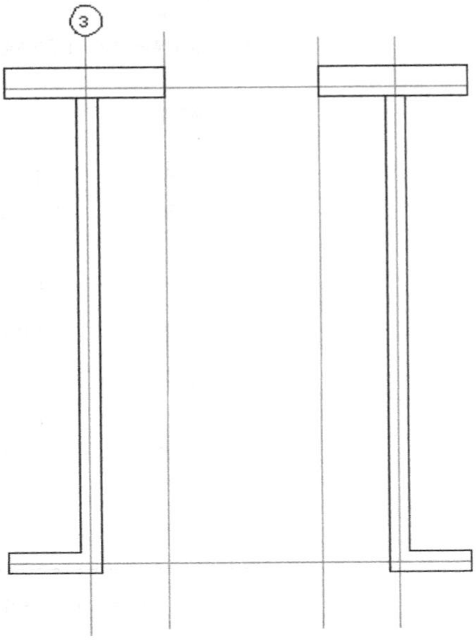

图 2-84　利用修剪命令凿出窗洞

（2）绘制窗体。

绘制 1 000×100 的矩形，将其分解成 4 条直线，将上下直线分别向矩形内侧偏移 33，结果如图 2-85 所示。利用 Block（B）命令将其定义成块，指定图 2-85 窗户的左下角为拾取点；然后使用 Insert（I）命令将定义好的窗体块按照图 2-86 所示设置参数，以窗体左下角为插入点插入到窗洞中，结果如图 2-87 所示。

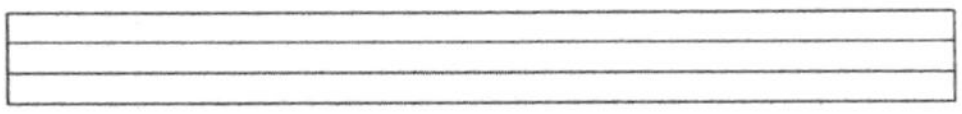

图 2-85　窗体示意图

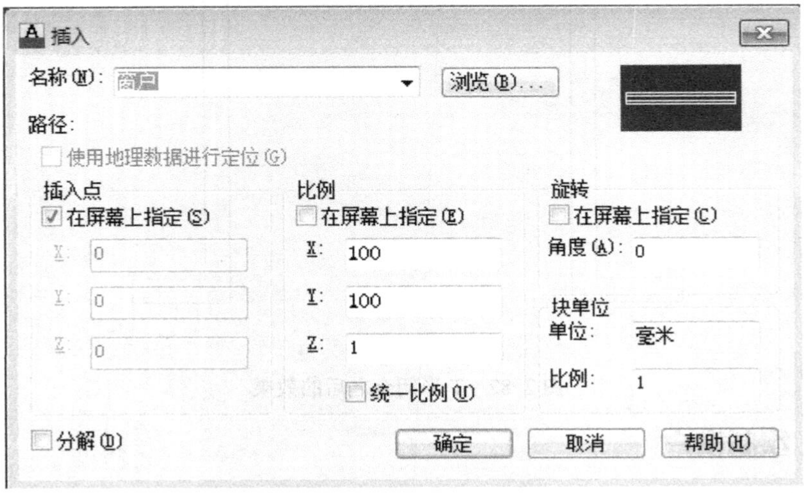

图 2-86　插入窗体块参数设置

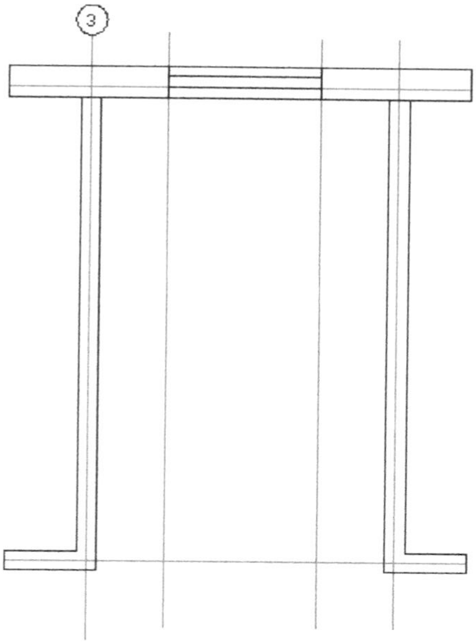

图 2-87　插入窗户后的效果

说明：如图有其他窗体，可以按照 X 轴、Y 轴缩放比例，对窗体进行缩放，以适应不同窗洞的大小。

2.11.7　绘制台阶和楼梯井

将 370 墙的轴线向下偏移 1800，作为休息平台的宽度。绘制如图 2-88 所示的直线，将直线矩形阵列 11 行 1 列，行偏移-300、列偏移 0，绘制后结果如图 2-89 所示。

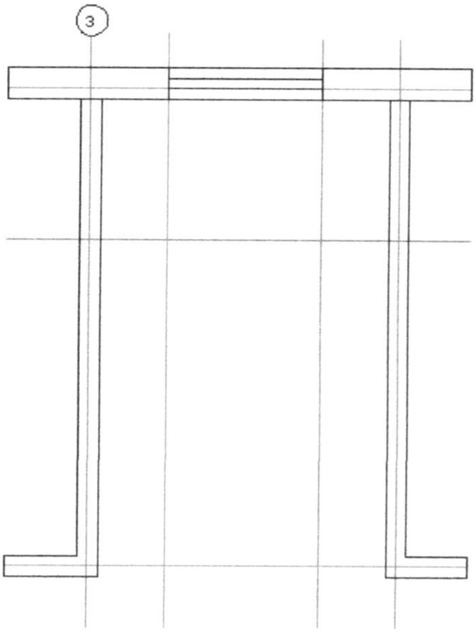

图 2-88　休息平台

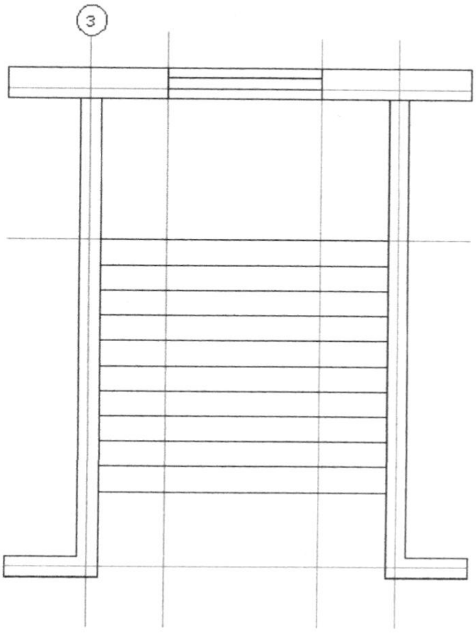

图 2-89　台阶

绘制 160×3 000 的矩形，向外偏移 20，作为楼梯井。以内矩形下边中点为基点将其移动到距离休息平台最远台阶直线的中点处，如图 2-90 所示。修剪掉多余的线条，如图 2-91 所示。

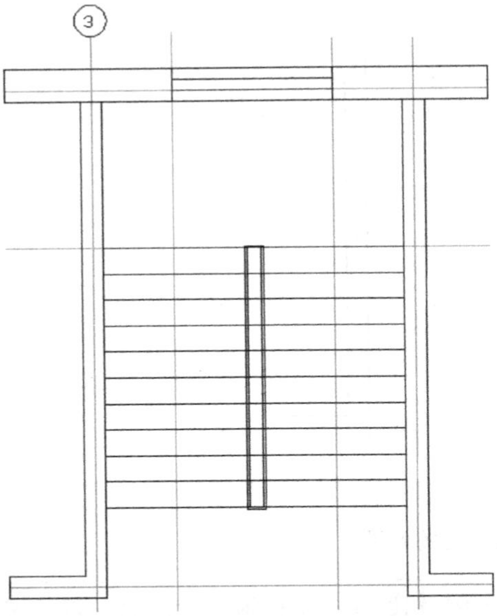

图 2-90　修剪前的楼梯井

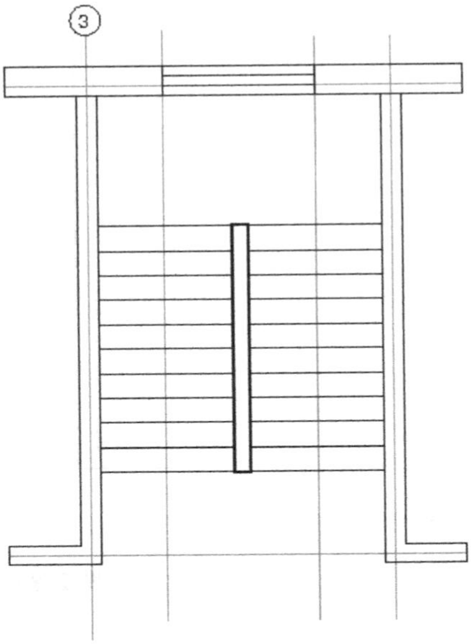

图 2-91　修剪后的楼梯井

2.11.8　绘制柱子

用矩形工具先画一个 240×240 的正方形，然后用填充来给正方形填充绿色，填充的快捷键为 H。如果要对齐的话，可以用块来做，把基点定位在柱子的中点，然后再插入块。

2.11.9　绘制其他构件

（1）利用 PL 线绘制楼梯走向，命令如下：

```
命令: _pline
指定起点:
当前线宽为 0.0000
指定下一个点或 [圆弧(A)/半宽(H)/长度(L)/放弃(U)/宽度(W)]:
指定下一点或 [圆弧(A)/闭合(C)/半宽(H)/长度(L)/放弃(U)/宽度(W)]:
指定下一点或 [圆弧(A)/闭合(C)/半宽(H)/长度(L)/放弃(U)/宽度(W)]:
指定下一点或 [圆弧(A)/闭合(C)/半宽(H)/长度(L)/放弃(U)/宽度(W)]: w
指定起点宽度 <0.0000>: 50
指定端点宽度 <50.0000>: 0
指定下一点或 [圆弧(A)/闭合(C)/半宽(H)/长度(L)/放弃(U)/宽度(W)]:
指定下一点或 [圆弧(A)/闭合(C)/半宽(H)/长度(L)/放弃(U)/宽度(W)]:
```

（2）绘制折断线。

（3）设置标注样式，利用线性标注和连续标注给绘制完成的图形进行标注。

（4）标高的绘制参照任务 2.10。完成楼梯平面图的绘制，结果如图 2-66 所示。

任务 2.12　绘制楼梯段

绘制任务

绘制楼梯段，如图 2-92 所示。

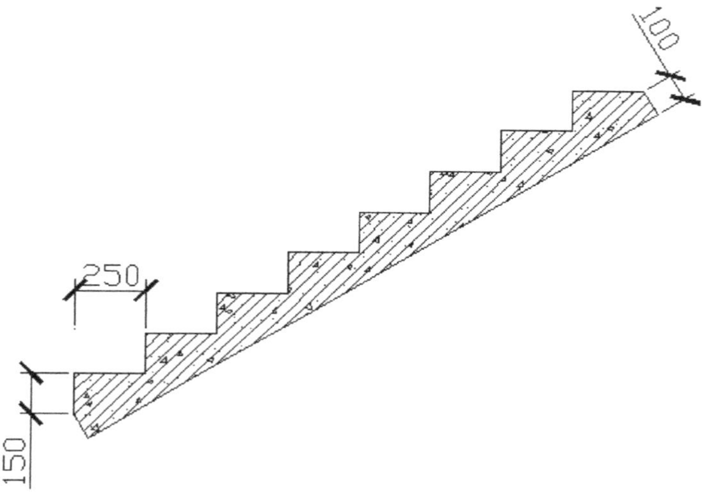

图 2-92　楼梯踏步的绘制

学习目标

- 掌握楼梯踏步的绘制方法；
- 能够灵活使用复制命令；
- 掌握建筑材料图例。

楼梯踏步高度在 15～18 mm，踏步深度在 22～27 mm，绘制步骤如下。

2.12.1　绘制单个踏步

将正交打开，利用直线工具绘制高为 150 mm、深度为 250 mm 的单个踏步，如图 2-93 所示。命令如下：

```
命令: _line
指定第一点:
指定下一点或 [放弃(U)]: 150
指定下一点或 [放弃(U)]: 250
指定下一点或 [闭合(C)/放弃(U)]: *取消*
```

图 2-93 单个踏步

2.12.2 复制

复制的途径有 3 种：

(1) 执行菜单命令“修改”→“复制”。

(2) 单击“修改”工具栏上的“复制”按钮。

(3) 在命令窗口输入复制命令 Copy（Co）。

将正交关闭，利用复制命令绘制出其他踏步，命令如下：

```
命令: _copy
选择对象: 指定对角点: 找到 2 个
选择对象:                                  //选择单个踏步
指定基点或 [位移(D)] <位移>:指定第二个点或 <使用第一个点作为位移>: <正交 关>
                                           //选择 A 点作为复制的基点
指定第二个点或 [退出(E)/放弃(U)] <退出>://选择 B 点, 如图 2-94 所示
指定第二个点或 [退出(E)/放弃(U)] <退出>://依次选择最高点
指定第二个点或 [退出(E)/放弃(U)] <退出>:
指定第二个点或 [退出(E)/放弃(U)] <退出>:
指定第二个点或 [退出(E)/放弃(U)] <退出>:
指定第二个点或 [退出(E)/放弃(U)] <退出>:
指定第二个点或 [退出(E)/放弃(U)] <退出>:
```

绘制结果如图 2-95 所示。

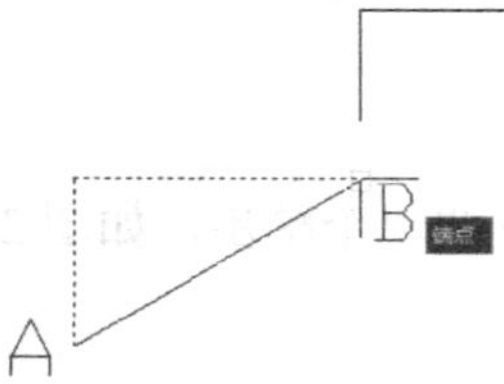

图 2-94 复制单个踏步

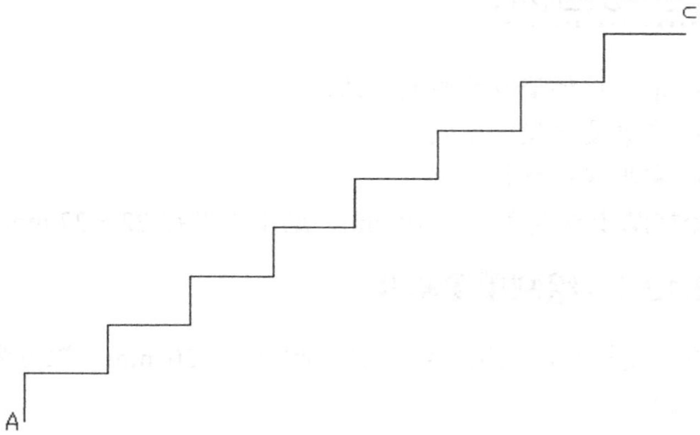

图 2-95 复制踏步完成

2.12.3 二次填充

用直线将 *A* 点和 *C* 点相连，偏移 100，绘制结果如图 2-96 所示。

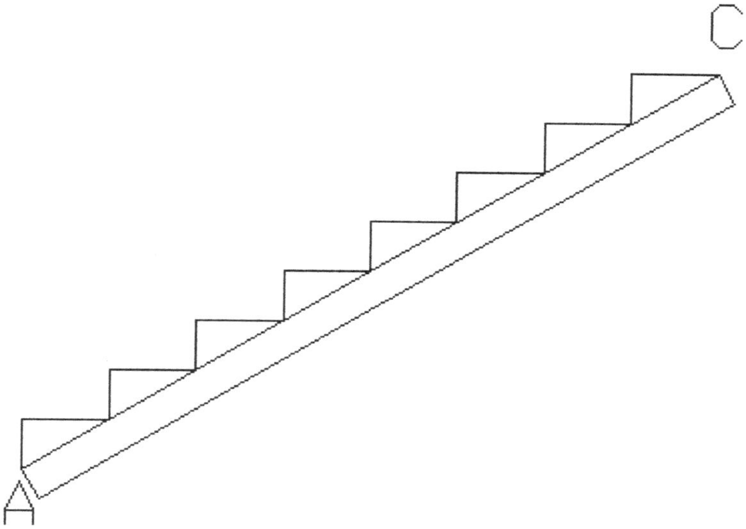

图 2-96　偏移后的结果

将线段 *AC* 删除，进行填充。常用的建筑材料图例见表 2-2。

表 2-2　建筑材料图例

序号	名　称	图　例	备　注
1	自然土壤		包括各种自然土壤
2	夯实土壤		—
3	砂、灰石	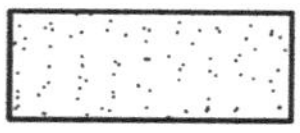	—
4	砂砾石、碎砖三合土	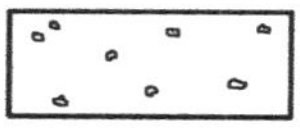	—
5	石材	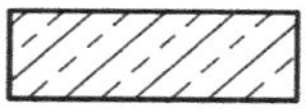	—
6	毛石		—
7	普通砖	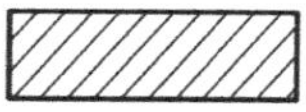	包括实心砖、多孔砖、砌块等砌体。断面较窄不易绘出图例线时，可涂红，并在图纸备注中加注说明，画出该材料图例
8	耐火砖	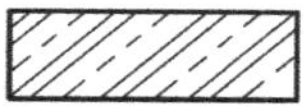	包括耐酸砖等砌体
9	空心砖		指非承重砖砌体
10	饰面砖		包括铺地砖、马赛克、陶瓷锦砖、人造大理石等
11	焦渣、矿渣	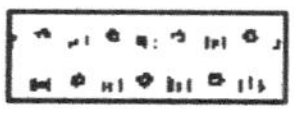	包括与水泥、石灰等混合而成的材料

续表

序号	名　称	图　例	备　注
12	混凝土	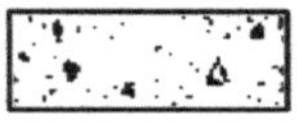	（1）本图例指能承重的混凝土及钢筋混凝土； （2）包络各种强度等级、骨料、添加剂的混凝土； （3）在剖面图上画出钢筋时，不画图例线； （4）断面图形小，不易画出图例线时，可涂黑
13	钢筋混凝土	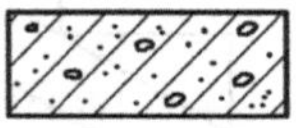	
14	多孔材料	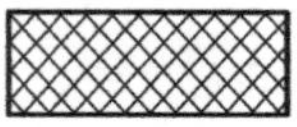	包括水泥珍珠岩、沥青珍珠岩、泡沫混凝土、非承重加气混凝土、软木、蛭石制品等
15	纤维材料	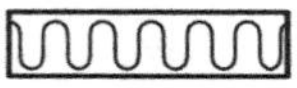	包括矿棉、岩棉、玻璃棉、麻丝、木丝板、纤维板等。
16	泡沫塑料材料	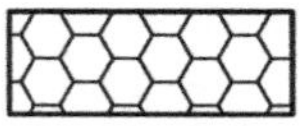	包络聚苯乙烯、聚乙烯、聚氨酯等多孔聚合物类材料
17	木材	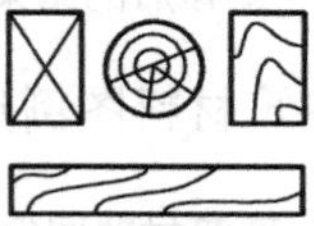	（1）上图为横断面，左上图为垫木、木砖或木龙骨； （2）下图为纵断面
18	胶合板	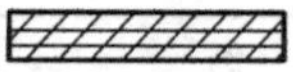	应注明为×层胶合板
19	石膏板	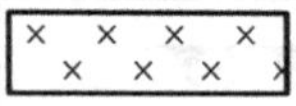	包括圆孔/方孔石膏板、防水石膏板、硅钙板、防火板等
20	金属	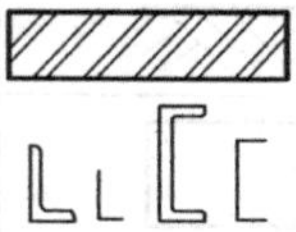	（1）包括各种金属； （2）图形小时，可涂黑
21	网状材料		（1）包括金属、塑料网状材料； （2）应注明具体材料名称
22	液体	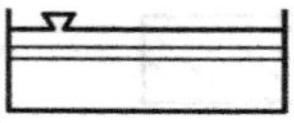	应注明具体液体名称
23	玻璃		包括平板玻璃、磨砂玻璃、夹丝玻璃、钢化玻璃、中空玻璃、夹层玻璃、镀膜玻璃等
24	橡胶		—
25	塑料	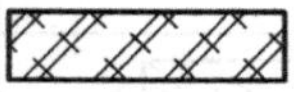	包括各种软、硬塑料及有机玻璃等
26	防水材料		构造层次多或比例大时，采用上面的图例
27	粉刷	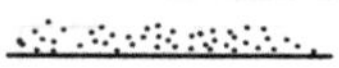	本图例采用较稀的点

参照任务 2.4 中填充命令的使用方法，利用填充 H 命令对楼梯进行两次填充。第一次填充参数设置如图 2-97 所示，第二次填充参数设置如图 2-98 所示。

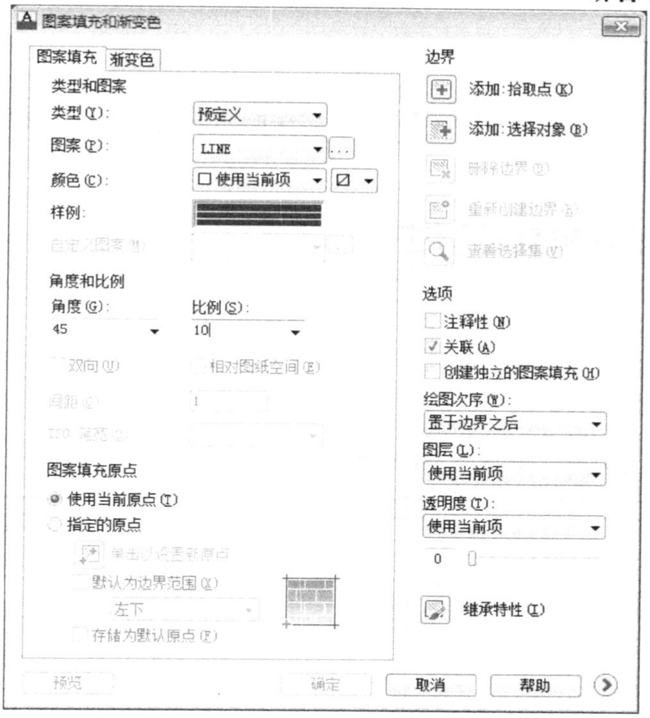

图 2-97　第一次填充参数设置

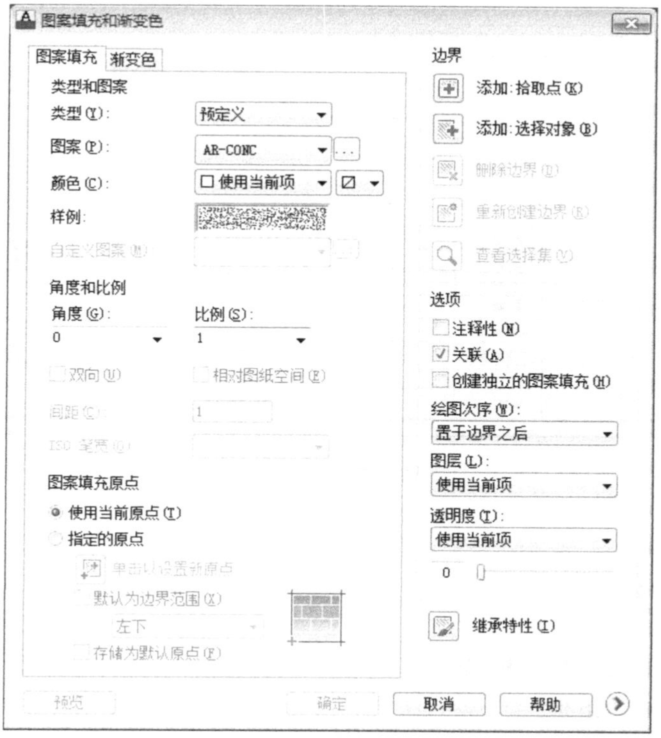

图 2-98　第二次填充参数设置

2.12.4　标注

设置标注样式，利用线性标注和对齐标注给绘制完成的图形进行标注，结果如图 2-92 所示。

任务 2.13　绘制图框和标题栏

绘制任务

绘制 A2 图框和标题栏，如图 2-99 所示。

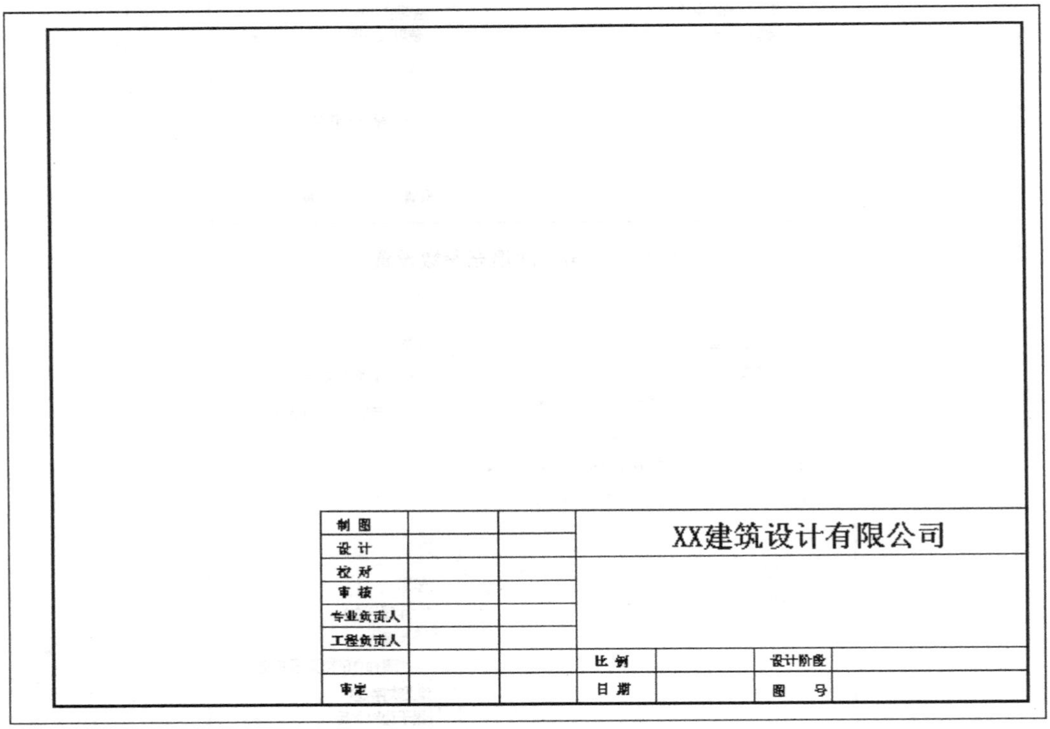

制图
设计
校对
审核
专业负责人
工程负责人
审定
XX建筑设计有限公司
比例
日期
设计阶段
图号

图 2-99　A2 图框和标题栏

学习目标

- 掌握图幅、图框的相关知识；
- 能够绘制相应的图框；
- 掌握样板文件的相关知识，并能灵活运用。

2.13.1　图纸幅面、图框、标题栏和会签栏

建筑图纸的幅面主要有 A0、A1、A2、A3 和 A4 五种，幅面及图框尺寸见表 2-3，表中单位为 mm。每张图纸都要画出图框，其中图框线用粗实线绘制，在图框的右下角画出标题栏，需要会签的图纸还要绘制出会签栏，位置和格式如图 2-100 所示。对于标题栏，不同的单位有不同的格式。

表 2-3　幅面及图框尺寸

尺寸代号 / 幅面代号	A0	A1	A2	A3	A4
$b \times l$	841×1 189	594×841	420×594	297×420	210×297
c	10			5	
a	25				

注：表中 b 为幅面短边尺寸，l 为幅面长边尺寸，c 为图框线与幅面线间宽度，a 为图框线与装订边间宽度。

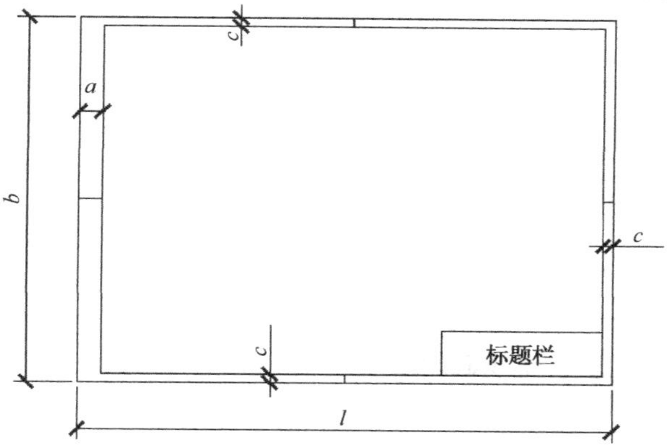

图 2-100　A0～A3 横式幅面

注意： 图纸以短边作为垂直边称为横式，以短边作为水平边称为立式。一般 A0～A3 图纸宜采用横式；必要时，也可采用立式。

2.13.2　图线

（1）图线的宽度 b 宜从下列线宽系列中选取：2.0、1.4、1.0、0.7、0.5、0.35。

（2）每个图样，应根据复杂程度与比例大小，先选定基本线宽 b，再选择表 2-4 中相应的线宽组。

表 2-4　线宽组（mm）

线　宽　比	线　宽　组					
b	2.0	1.4	1.0	0.7	0.5	0.35
0.5b	1.0	0.7	0.5	0.35	0.25	0.18
0.25b	0.5	0.35	0.25	0.18		

注：（1）需要微缩的图纸，不宜采用 0.18 mm 及更细的线宽；

（2）同一张图纸内，各不同线宽中的细线，可统一采用较细的线宽组细线。

说明：之后的绘图中图线的宽度 b 选取 1.0。

（3）同一张图纸内，相同比例的各图样，应选用相同的线宽组。

（4）图纸的图框和标题栏线，可采用表 2-5 的线宽。

表 2-5　图框线、标题栏线的宽度（mm）

幅面代号	图框线	标题栏、外框线	标题栏分格线、会签栏线
A0、A1	1.4	0.7	0.35
A2、A3、A4	1.0	0.7	0.35

2.13.3　图纸比例

图纸比例是图中图形与其实物相应要素的线性尺寸之比，由于建筑物的形体庞大，必须采用不同的比例来绘制，一般情况下都要缩小比例绘制。在建筑施工图中，各种图样常用的比例见表 2-6。

表 2-6　建筑施工图的常用比例

图　名	常用比例	备　注
总平面图	1∶500，1∶1 000，1∶2 000	
平面图、立面图、剖视图	1∶50，1∶100，1∶200	
次要平面图	1∶300，1∶400	指屋面平面图、工业建筑的地面平面图等
详图	1∶1，1∶2，1∶5，1∶10，1∶20，1∶25，1∶50	1∶25 仅适用于结构构件详图

2.13.4　A2 图框和标题栏的绘制

（1）创建新图形，进行图形设置。

（2）设置文字样式。

“汉字”样式采用“仿宋”字体，不设定字体高度，宽度比例为 0.8，用于书写标题栏、设计说明等部分的汉字。

（3）设置标注样式。

（4）绘制图框，绘制结果如图 2-101 所示。命令行如下：

```
命令: _rectang
指定第一个角点或 [倒角(C)/标高(E)/圆角(F)/厚度(T)/宽度(W)]: 0,0,
指定另一个角点或 [面积(A)/尺寸(D)/旋转(R)]: @594,420
命令: _rectang
指定第一个角点或 [倒角(C)/标高(E)/圆角(F)/厚度(T)/宽度(W)]: 25,10
指定另一个角点或 [面积(A)/尺寸(D)/旋转(R)]: @559,400
```

（5）利用直线、偏移和修剪命令在图框线的右下角绘制标题栏，如图 2-102 所示。

（6）输入标题栏内的文字并将其定义成带属性的块。

① 将汉字样式设置为当前文字样式。

② 在命令行输入 text 命令。

图 2-101　图框

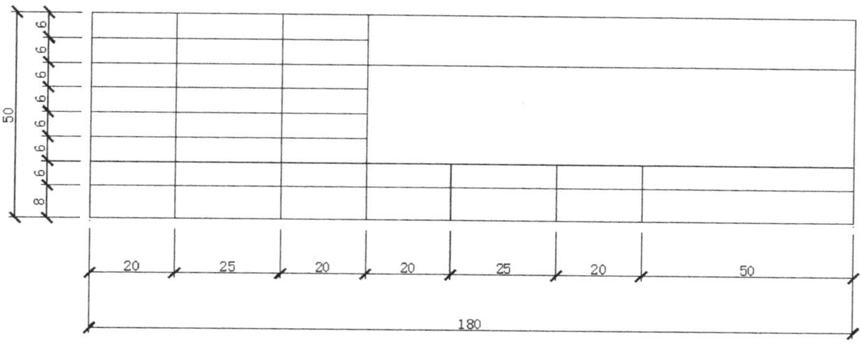

图 2-102　标题栏样式

```
命令：dt
TEXT
当前文字样式：汉字　当前文字高度：2.5000
指定文字的起点或 [对正(J)/样式(S)]：j
输入选项[对齐(A)/调整(F)/中心(C)/中间(M)/右(R)/左上(TL)/中上(TC)/右上(TR)/左中(ML)/正中(MC)/右中(MR)/左下(BL)/中下(BC)/右下(BR)]：mc
指定文字的中间点：
指定高度 <2.5000>：3.5
指定文字的旋转角度 <0>：
```

回车后，输入文字“制图”，按两次回车键结束命令。

③ 运用复制命令可以复制其他几组字，然后在命令行中输入 ED 命令，修改各个文字的内容，如图 2-103 所示。

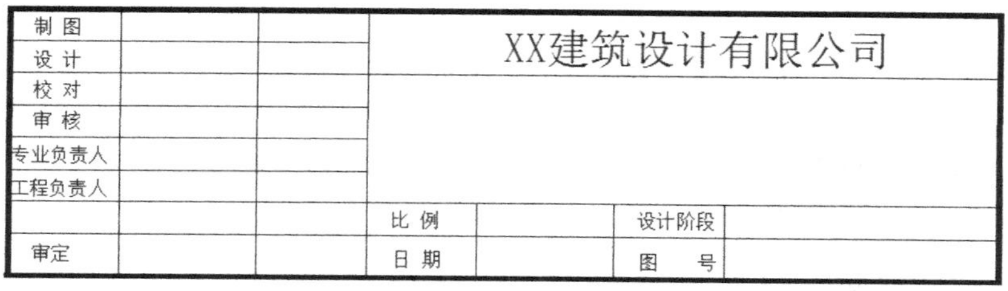

制 图
设 计
校 对
审 核
专业负责人
工程负责人
审定
XX建筑设计有限公司
比 例
日 期
设计阶段
图 号

图 2-103　标题栏

④ 单击菜单“绘图”→“块”→“定义属性”命令，弹出“属性定义”对话框，设置其参数，如图 2-104 所示。

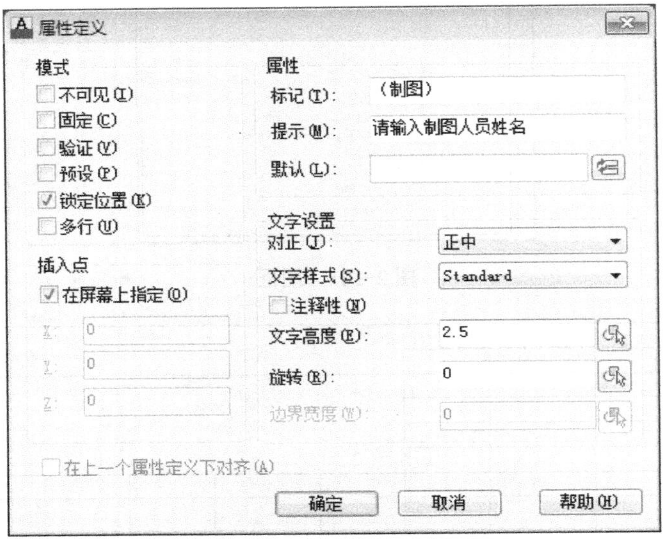

图 2-104　设置带属性的块

⑤ 同样，可以为其他文字定义属性，结果如图 2-105 所示。

制 图	（制图）	（制图）	XX建筑设计有限公司			
设 计	（设计）	（设计）				
校 对	（校对）	（校对）	（图名）			
审 核	（审核）	（审核）				
专业负责人	（专业负责人）	（专负责人）				
工程负责人	（工程负责人）	（工负责人）				
			比 例	（比例）	设计阶段	（设计阶段）
审定	（审定）	（审定）	日 期	（日期）	图　号	图号）

图 2-105　带属性的文字

⑥ 将标题栏定义为块。

⑦ 在图框的左下角插入块——标题栏。A2 图框和标题栏绘制完毕，结果如图 2-99 所示。

2.13.5　样板文件

AutoCAD 提供了一个叫样板的功能，系统自带了一些样板文件，可通过样板文件来新建图形文件。如果根据现有的样板文件创建新图形，则在新图形中的修改不会影响到样板文件。用户可以使用 AutoCAD 提供的一种样板文件，也可以创建自定义样板文件。我们将绘制完成的 A2 图框和标题栏保存成样板文件，方便以后使用。

1. 样板文件的创建

单击菜单“文件”→“另存为”命令，弹出“图形另存为”对话框，如图 2-106 所示。

在“文件类型”处选择图形样板（*.dwt），“文件名”为“A2”，弹出样板说明对话框，如图 2-107 所示。写入相关的说明，样板文件生成。

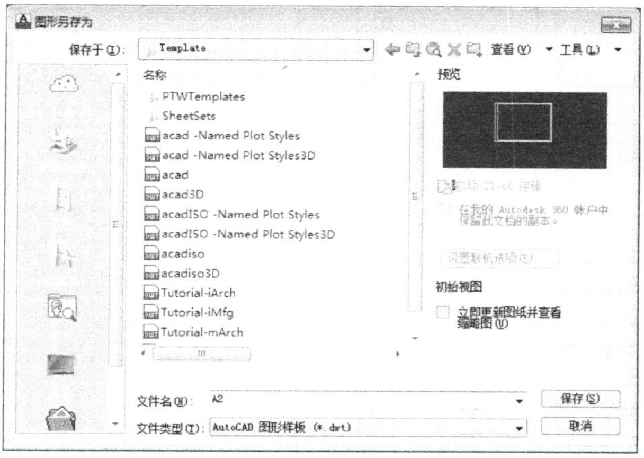

图 2-106　“图形另存为”对话框

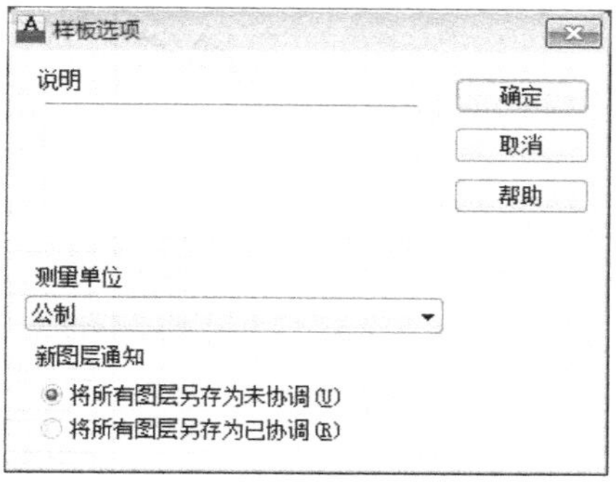

图 2-107　样板说明对话框

2．打开样板文件

单击菜单“文件”→“打开”命令，弹出“选择文件”对话框，如图 2-108 所示。在“文件类型”处选择“图形样板（*.dwt）”，选择要打开的样本文件，就可打开相应的样板文件。

图 2-108　“选择文件”对话框

实训任务 2

1．绘制空调，如图 2-109 所示。

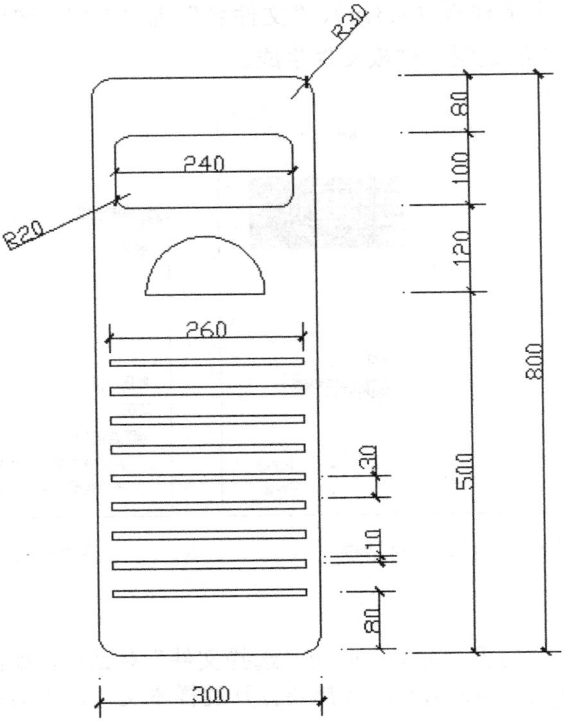

图 2-109　空调立面图

2．绘制基础详图，如图 2-110 所示。

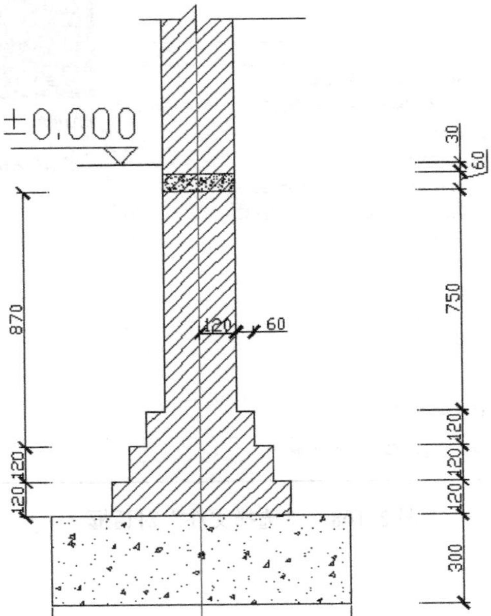

图 2-110　基础详图

3．绘制拼花图案，如图 2-111 所示。

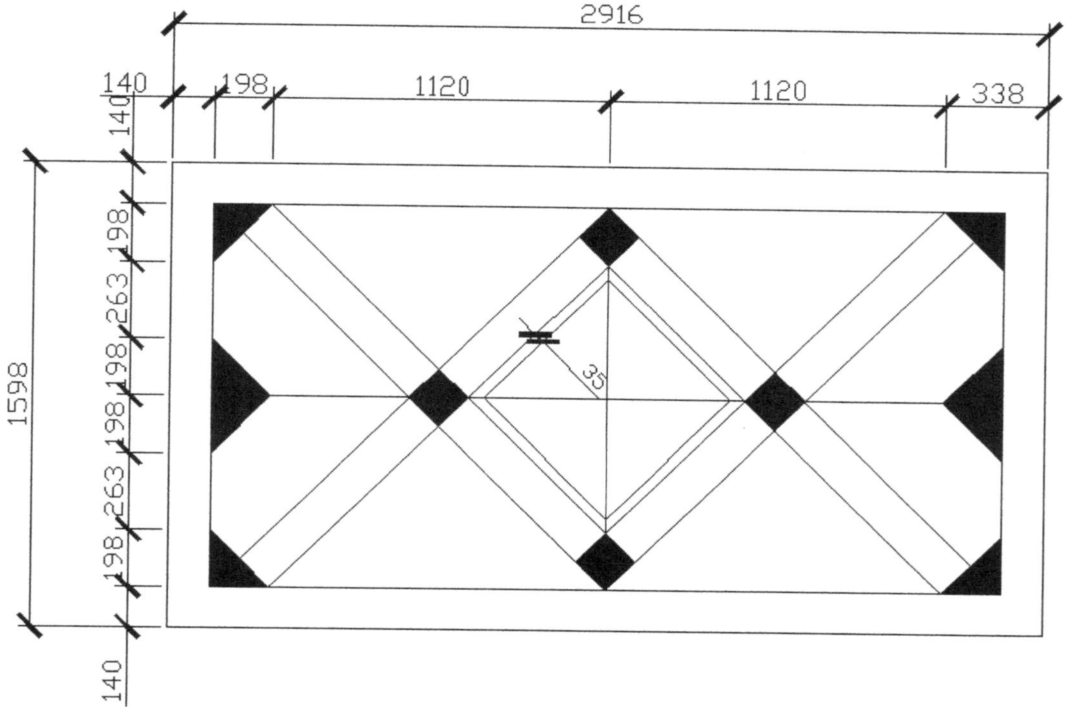

图 2-111　拼花图案

4．绘制浴缸，如图 2-112 所示。

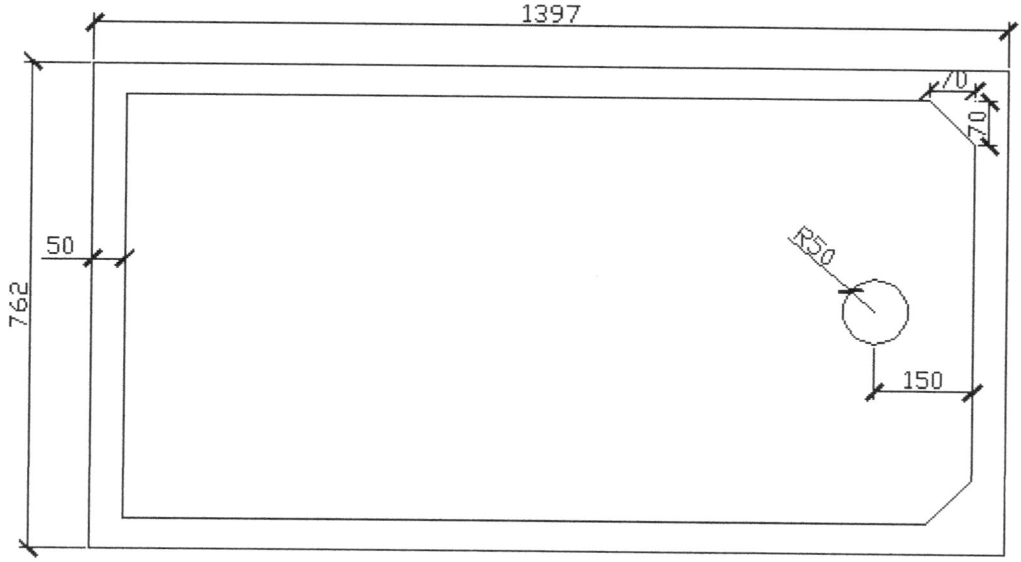

图 2-112　浴缸

5．绘制图形，如图 2-113 所示。

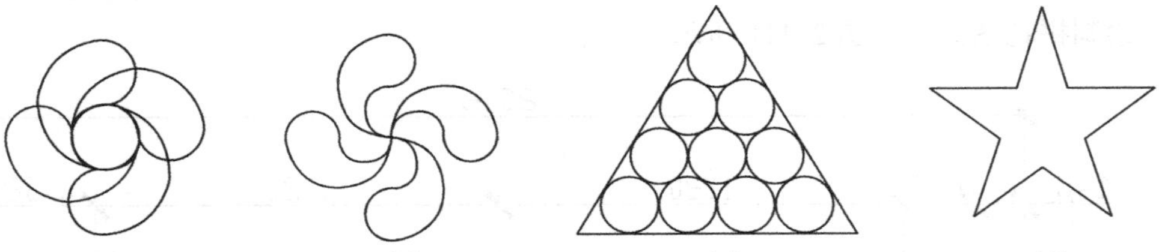

图 2-113 绘制图形

6．绘制楼梯平面图，如图 2-114 所示。

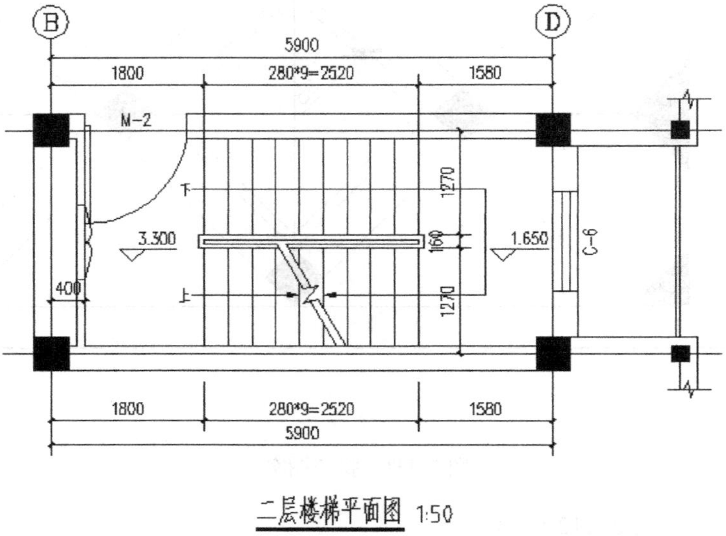

图 2-114 楼梯平面图

7．绘制楼梯段和扶手，如图 2-115 所示。

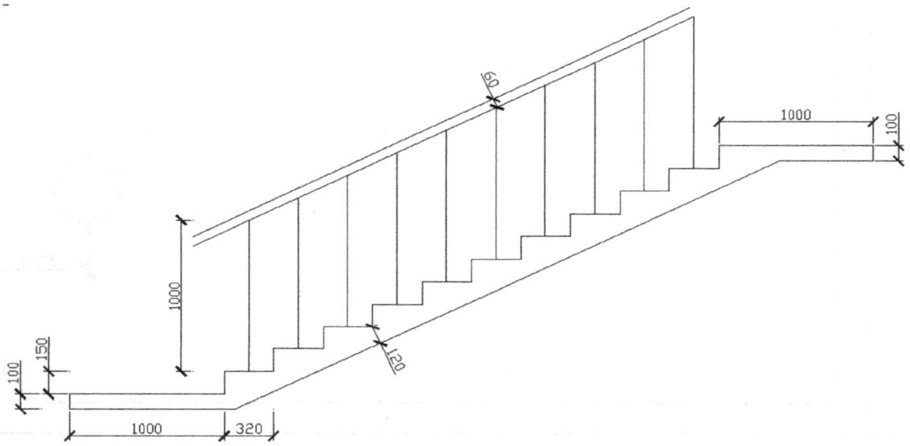

图 2-115 楼梯段和扶手

8．建立一个图幅为 A3（297×420）的 CAD 绘图模板即样板文件并保存。

建筑施工图篇

本篇通过实例详细讲解绘制建筑施工图的基本方法和技巧，应用各种基本绘图命令、图形编辑命令及绘图辅助工具等操作方法，依据《房屋建筑制图统一标准》，绘制出完整的建筑施工图。

本篇项目选取的绘制实例是工程主体为三层的建筑物，局部有半地下室；建筑层数为 3 层，层高为 4.300 m、3.300 m，建筑高度为 11.800 m；本工程总建筑面积为 1 397.94 m^2，一层网点建筑面积为 188.89 m^2，办公建筑面积为 1 094.89 m^2，地下仓库建筑面积为 114.16 m^2。建筑结构形式为框架结构，建筑耐火等级为二级，使用年限为 50 年，抗震设防烈度为 7 度。

各层标注标高为完成面标高（建筑面标高），屋面标高为结构标高。本工程标高以 m 为单位，其他尺寸以 mm 为单位。该工程建筑施工图图纸目录如下表所示。

图纸目录表

图　别	图　号	图 纸 名 称	备　　注
首页	1	图纸目录、标准图统计表、门窗统计表、室内装修做法表	
首页	2	设计说明	
首页	3	节能专篇	
建施	1	仓库平面图、卫生间详图	
建施	2	一层平面图	
建施	3	二层平面图	
建施	4	三层平面图	
建施	5	屋面排水平面图	
建施	6	东、南立面图	

续表

图 别	图 号	图 纸 名 称	备 注
建施	7	西、北立面图	
建施	8	1-1、2-2、3-3 剖面图	
建施	9	4-4、5-5 剖面图	
建施	10	1#楼梯平、剖面详图	
建施	11	1#楼梯平、剖面详图、门窗立面详图	
建施	12	阳台、墙身、管道井、节点构造表	

项目 3 选取图号 1（仓库平面图）、项目 4 选取图号 6（南立面图）、项目 5 选取图号 8（1-1 剖面图）、项目 6 选取图号 1（卫生间详图）为绘制实例。

项目3 建筑平面图的绘制

假想用一水平剖切面沿门窗洞的位置将房屋剖切后，对剖切面以下部分作出的水平剖面图，即为建筑平面图，简称平面图。该图是建筑施工图中最基本的图样之一，它反映房屋的平面形状、大小和房间的布置，墙（柱）的位置、厚度和材料，门窗的类型等。

任务 3.1 熟悉建筑平面图的绘制基础

3.1.1 建筑平面图的组成

（1）建筑物及其组成房间的名称、尺寸、定位轴线和墙壁厚度等。

（2）走廊、楼梯位置及尺寸。

（3）门窗位置、尺寸及编号。门的代号是 M，窗的代号是 C。在代号后面写上编号，同一编号表示同一类型的门窗。如 M1、C1。

（4）台阶、阳台、雨篷、散水的位置及细部尺寸。

（5）室内地面的高度。

（6）首层地面上应画出剖面图的剖切位置线，以便与剖面图对照查阅。

在准备工作完成后，可以进行建筑平面图的绘制，平面图的绘图顺序一般从最底层开始，以后每层都在前一层的基础上进行修改，各层平面在图纸上一般从左至右或从下至上布置，这样便于统一柱网，且条理清楚，避免低级错误的发生。用 AutoCAD 绘制建筑平面图的总体思路是先整体后局部。

3.1.2 建筑平面图的绘制过程

用 AutoCAD 绘制建筑平面图的主要绘图过程如下：

（1）设置图形界限，用 Limits（图形界限）命令设置绘图区域的大小。

（2）创建图层，如轴线层、墙体层、门窗层等。

（3）用 Line（直线）命令绘制水平和竖直的定位轴线基准线，用 Offset（偏移）、Trim（修剪）命令绘制其他水平及竖直的定位轴线。

（4）绘制轴线编号并标注定位尺寸。

（5）用 Mline（多线）命令绘制外墙体，形成大致的平面形状。

（6）用 Mline（多线）命令绘制内墙体。

（7）绘制门窗、楼梯等其他局部细节。

（8）标注尺寸。

（9）书写文字。

（10）插入标准图框，并以绘图比例的倒数缩放图框。

3.1.3 绘制建筑平面图的注意事项

在绘制建筑平面图的过程中，应注意如下几点。

1. 剖切生成正确

建筑平面图实际上是一个全剖视图，其剖切方向为水平剖切，因此，在绘图时，首先应找准剖切位置和投影方向，并想清楚哪些是剖到的，哪些是看到的，哪些是需要表达的，这样才能准确地表达出建筑物的平面形式。

2. 线型正确

建筑平面图中主要涉及三种宽度的实线，被剖切到的柱子、墙体的断面轮廓线为粗实线，门窗的开启线为中粗实线，其余可见轮廓线为细实线。

3. 只管当前层，不管其他层

在绘制建筑各层平面图时，只需按照剖切方向由上垂直向下看，所能观察到的物体才属于该层平面图中的内容。如某些建筑屋顶不在同一层上，若从某层剖开并由上到下观察建筑物，除了能观察到该层平面上的部分物体，也能看到低于该层的，此时若要绘制该层平面图，则只需要将该层平面中观察到的内容绘制出来，而不管其下的屋顶平面，即只管当前层，不管其他层。

4. 尺寸正确

在绘制建筑平面图时，各个设施应按照设计的实际尺寸及数量绘制。

5. 尺寸标注

建筑平面图的尺寸标注是其重要内容之一，要求必须规范注写，其线性标注分为外部尺寸和内部尺寸两大类。外部尺寸分三层标注：第一层为外墙上门窗的大小和位置尺寸；第二层为定位轴线的间距尺寸；第三层为外墙的总尺寸。要求第一道距建筑物最外轮廓线 10～15 mm，三道尺寸间的间距保持一致，通常为 7～10 mm。另外，还有台阶、散水等细部尺寸。内部尺寸主要有内墙厚、内墙上门窗的定形及定位尺寸。对于标高的标注，需注明建筑物室内外地面的相对标高。

6. 其他

在建筑物的底层平面图中应注意指北针、建筑剖视图的剖切符号、索引符号等的绘制。

任务 3.2 绘制地下仓库平面图

地下仓库平面图如图 3-1 所示。在绘制平面图之前做好准备工作是非常必要的，能提高工作效率，使绘图工作有条不紊且易于检查和修改。在开始绘制 AutoCAD 图形时，首先需要定义符合要求的绘图环境，如制定绘图单位、图形界限、设计比例、图层、文字样式和标注样式等参数。

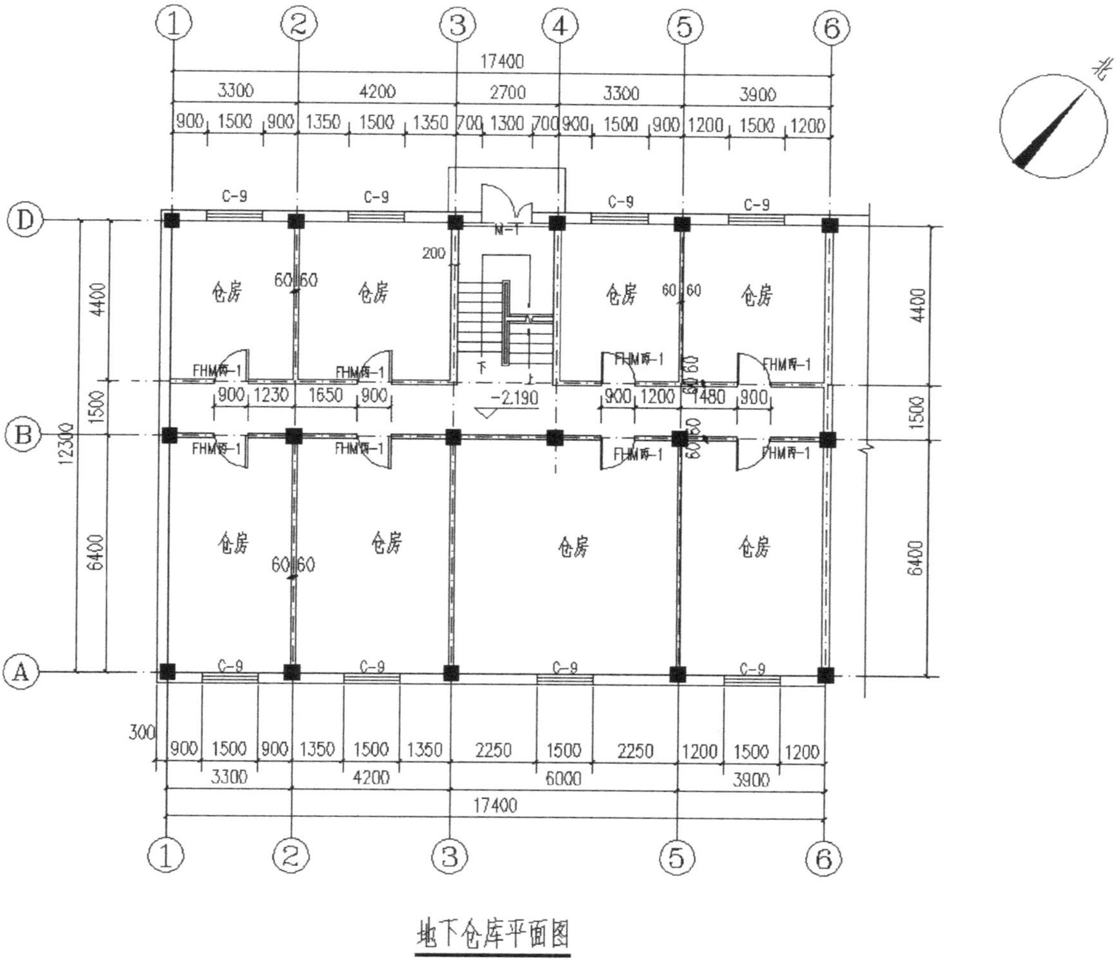

图 3-1 地下仓库平面图

3.2.1 绘图环境设置

1. 单位设置

执行菜单命令“格式”→“单位”，打开“单位”面板，将单位设置为毫米（mm），精确到 0.000，采用十进制。

2. 图像界限

设置绘图区域大小，根据图纸的大小设置合适的绘图范围，是一个“虚拟”的边界。如采用 A2 幅面图框绘制，绘图比例是 1∶100 时，图形界限为 59 400×420 000，即 A2×100。

3. 设置总体线型比例因子

执行菜单命令“格式”→“线型”，打开“线型管理器”对话框，如图 3-2 所示。单击“显示细节”按钮，将“全局比例因子”设置为 100，如图 3-3 所示。

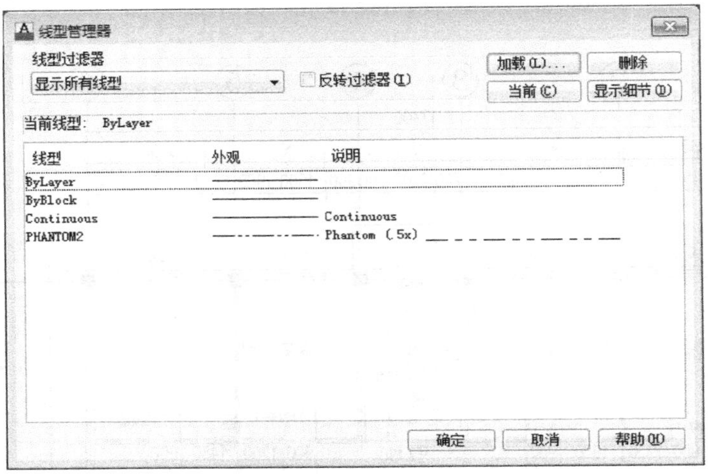

图 3-2 “线型管理器”对话框

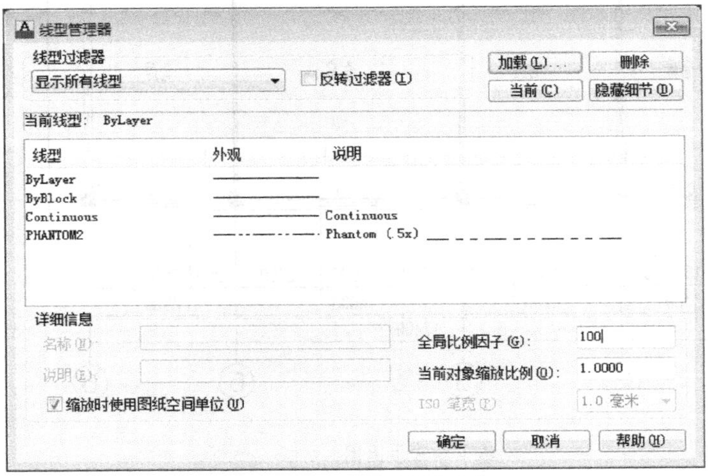

图 3-3 设置全局比例因子

4. 设置文字样式

执行菜单命令“格式”→“文字样式”，打开“文字样式”对话框进行设置，文字样式为 Standard，字体为宋体，宽度因子为 1。

5. 设置标注样式

执行菜单命令“格式”→“标注样式”，打开“修改标注样式：Standard”对话框进行设置。在“符号和箭头”选项卡中“箭头”分组框的“第一个”下拉列表中选取“建筑标记”，在“调整”选项卡中设置“使用全局比例”为 100，如图 3-4 所示。

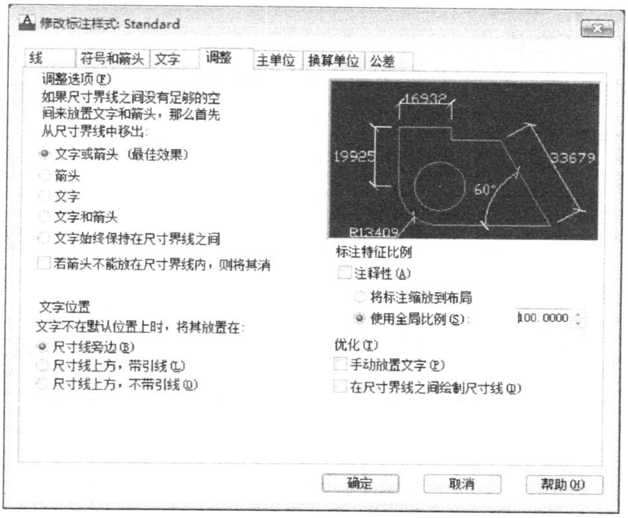

图 3-4　全局比例设置

6. 设置图层

单击工具栏卡的“图层特性”按钮，打开“图层特性管理器”对话框，进行图层设置。图层设置包括颜色、线型、线宽及比例的设置，在分步绘制施工图的时候，首先选择好对应的图层，可使条理清楚，方便日后对图纸的修改。平面图中的墙线一般用粗实线表示，门窗等建筑构件物通常用中实线表示，轴线用点画线表示，标注等其他部分用细实线表示。线的类型不同，线型、线宽、颜色的设置都不同，可以为下一步的绘图提供很大的方便。绘制地下仓库平面图需要的图层见表 3-1。

表 3-1　图层设置

图层名称	颜　色	线　型	线　宽
轴线	红色	CENTERX2	默认
墙体	白色	Continuous	0.7 mm
柱网	青色	Continuous	默认
门窗	黄色	Continuous	默认
楼梯	221	Continuous	默认
标注	绿色	Continuous	默认
台阶	黄色	Continuous	默认
文字	111	Continuous	默认

选择“格式”菜单中的“图层”命令，弹出图层特性管理器，单击“新建图层”按钮，

按照表 3-1 中的参数建立相应的图层。当创建不同的对象时，应切换到相应的图层。

3.2.2 绘制定位轴线、轴线尺寸、轴号

平面图中轴线的位置主要是承重墙体和柱的中点，轴线也是施工放线的依据。

（1）设置当前图层为“轴线”。

（2）按下 F8 键打开正交模式。

（3）绘制水平基准轴线，长度为 20 000，在左端绘制垂直基准轴线，长度为 15 000。

（4）设置全部缩放，显示整个图形。

（5）使用“偏移”命令，将垂直基准轴线依次从左向右偏移，偏移距离为 3 300、4 200、2 700、3 300、3 900，得到垂直定位轴线。

（6）使用“偏移”命令，将水平基准轴线依次从下向上偏移，偏移距离为 6 400、1 500、4 400，得到水平定位轴线。

（7）单击“绘图”工具栏中的“圆”按钮，在轴线端部绘制直径为 800 mm（绘图比例为 1∶100）的圆。设置块和块的属性，插入块生成轴线编号。绘制结果如图 3-5 所示。

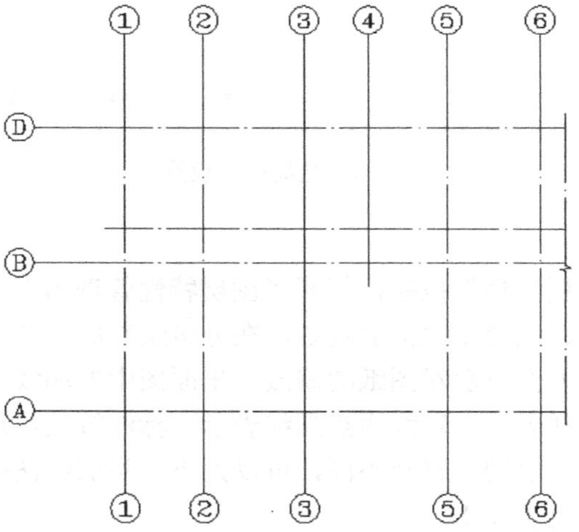

图 3-5　轴线层和轴线编号的绘制

（8）标注总尺寸及定位尺寸。设置“标注”图层为当前层，单击“标注”菜单栏中的（线性）和（连续）命令进行尺寸标注，添加轴线尺寸、总尺寸。绘制结果如图 3-6 所示。

3.2.3 绘制柱网

（1）设置“柱网”图层为当前层。

（2）在屏幕上适当位置绘制柱的横截面，先绘制一个矩形，再连接对角线。

（3）用 Hatch（填充）命令在柱子内填充“solid（实心）”图案，如图 3-7 所示。

（4）用 Block（创建块）命令将柱子创建为块，以对角线交点为插入点。

（5）用 Insert（插入）命令插入块，生成柱网图，如图 3-8 所示。

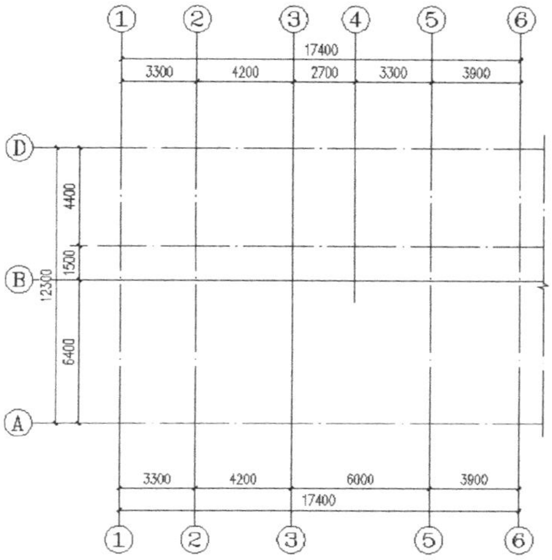

图 3-6　添加轴线尺寸、总尺寸

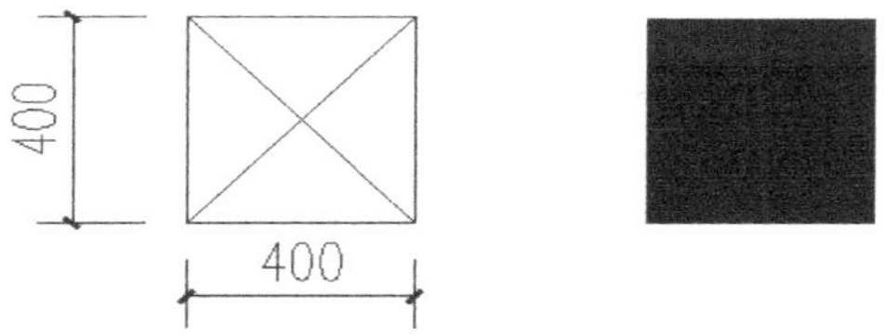

图 3-7　柱的截面

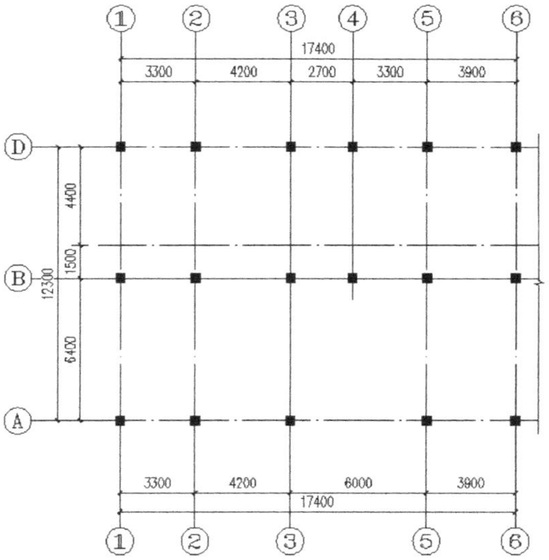

图 3-8　柱网图

3.2.4　绘制墙体

1）设置当前图层为“墙体”

2）设置多线样式

选择“格式”菜单中的“多线样式”命令，弹出“多线样式”对话框，分别新建多线样式：120、300、200。在图元偏移量处分别设置 60 和-60、100 和-200、100 和-100（具体设置过程参照任务 2.9 中的设置多线样式）。

3）利用多线命令 ML，绘制相应的墙体

在执行 Mline 命令绘制墙体时，除了要注意选择“比例(S)”选项变换多线宽度外，还要注意选择“对正(J)”选项变换多线的对正方式，多线的对正方式有上、中、下对正方式（具体绘制过程参照任务 2.11 绘制墙体）。

4）对墙线进行编辑

用 Mledit 命令编辑多线相交的形式，不能编辑的，用 Explode（分解）命令先将墙线分解为普通直线，然后再用 Trim（修剪）命令修剪多余线条。编辑后的墙体如图 3-9 所示。

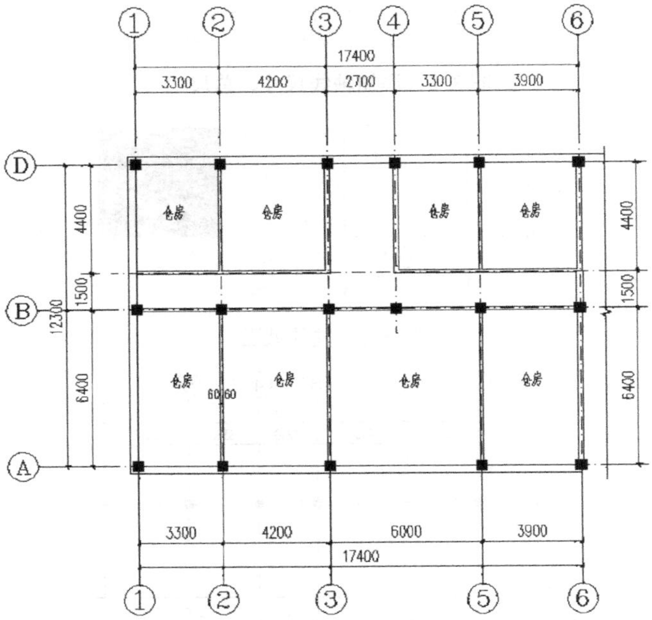

图 3-9　编辑后的墙体

3.2.5　绘制门、窗洞口

用 Offset 或 Line 直线命令绘制门、窗与墙的分隔短线。以图 3-10 为例，介绍开设门、窗洞的方法与操作过程。

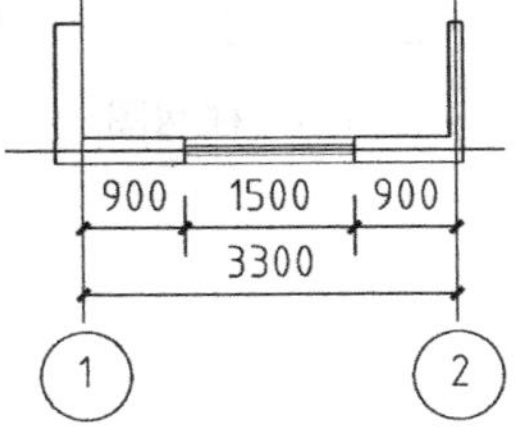

图 3-10　门、窗洞的示例尺寸

（1）将轴线编号为①的轴线向右偏移900，命令如下：

```
命令:_offset
当前设置: 删除源=否  图层=源  OFFSETGAPTYPE=0
指定偏移距离或 [通过(T)/删除(E)/图层(L)] <80>:  900
选择要偏移的对象，或 [退出(E)/放弃(U)] <退出>:
指定要偏移那一侧上的点，或 [退出(E)/多个(M)/放弃(U)] <退出>:
选择要偏移的对象，或 [退出(E)/放弃(U)] <退出>:  *取消*
```

同理，将轴线编号为②的轴线向左偏移900，如图3-11所示。

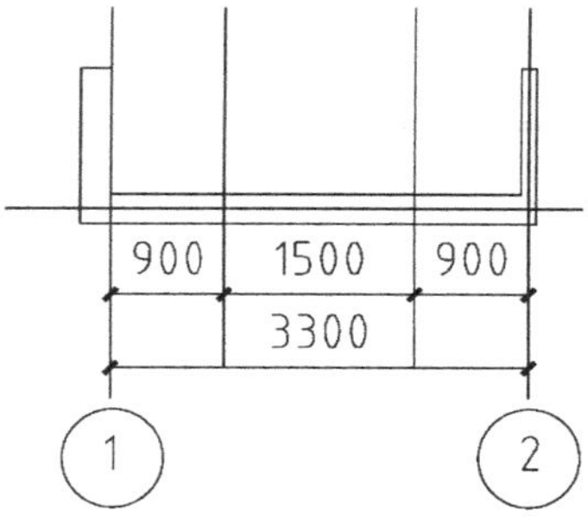

图3-11 分隔短线的绘制

（2）用Trim命令修剪多余墙线，将门窗与墙体的两条分隔短线之间的多余墙线修剪掉，修剪后的结果如图3-12所示。为了不至于误修剪轴线，可以先关闭或冻结“轴线”图层。修剪命令提示如下：

```
命令:trim
当前设置:投影=UCS，边=无
选择剪切边...
选择对象或 <全部选择>:  找到 1 个
选择对象: 找到 1 个，总计 2 个
选择对象:
选择要修剪的对象，或按住 Shift 键选择要延伸的对象，或
[栏选(F)/窗交(C)/投影(P)/边(E)/删除(R)/放弃(U)]:
选择要修剪的对象，或按住 Shift 键选择要延伸的对象，或
[栏选(F)/窗交(C)/投影(P)/边(E)/删除(R)/放弃(U)]:
```

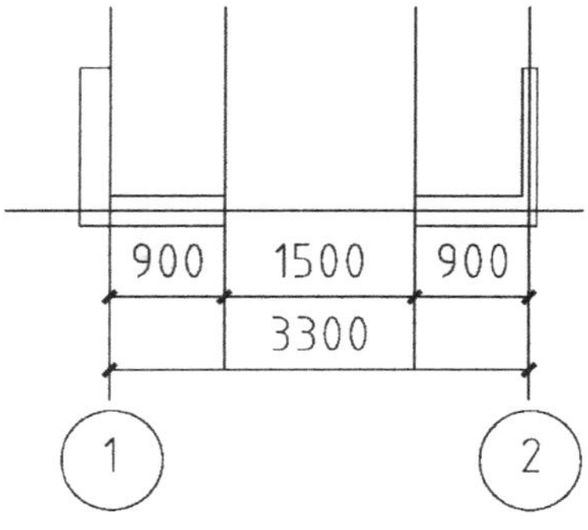

图3-12 修剪窗洞

用此方法形成所有的门窗洞口，如图 3-13 所示。

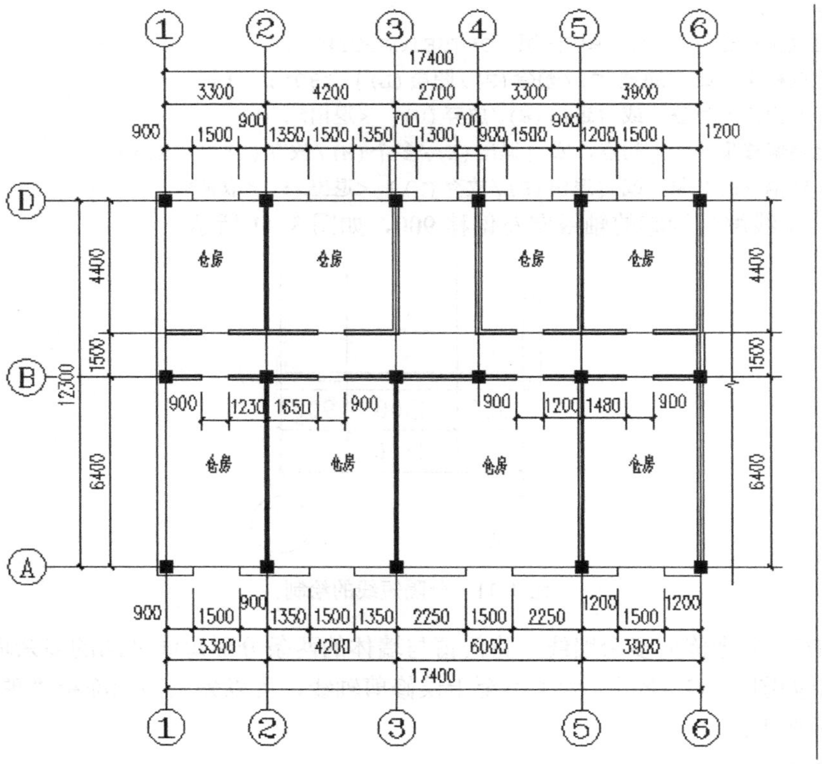

图 3-13　绘制门窗洞口之后的墙体

3.2.6　绘制门、窗

考虑到门、窗对象在图形中反复出现，为避免重复作图和提高绘图效率，一般将同一型号的门、窗定义为块，在需要的时候用 Insert 命令将定义的块插入到当前的图形中。下面介绍定义门块和窗块的操作，窗块的操作在任务 2.11 中绘制窗户时已经做了详细的讲解，这里不再重复。

绘制和定义 900mm 的门块。设置极轴追踪增量角为 90° 或 60° ，并启用极轴追踪，然后使用 Line 和 Block 命令绘制图 3-14 所示的门，并以左下角点为插入点创建块。具体操作如下：

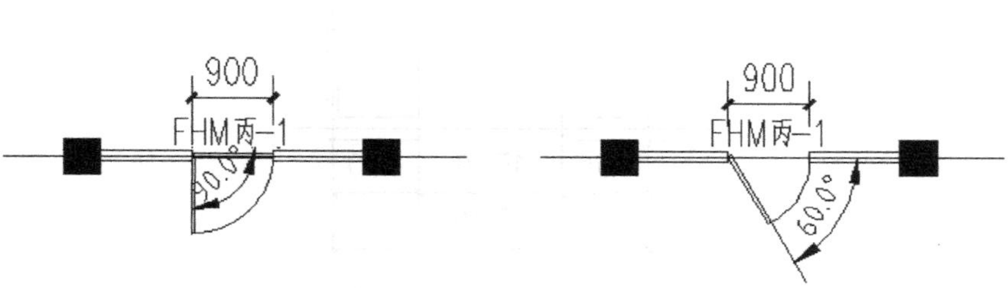

图 3-14　门示意图

（1）使用矩形命令，绘制 45×900 的矩形，如图 3-15 所示。

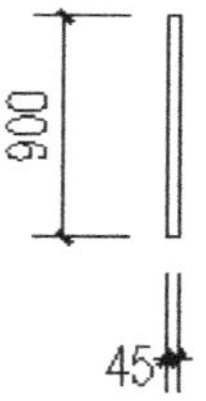

图 3-15　绘制矩形

（2）使用 Line 命令绘制一条辅助线，长度＞900 即可，如图 3-16 所示。

图 3-16　绘制辅助线

（3）使用圆弧命令，绘制半径为 900 的圆弧，如图 3-17 所示。圆弧绘制命令如下：

```
命令:_arc
指定圆弧的起点或 [圆心(C)]:                                          //选择点 A
指定圆弧的第二个点或 [圆心(C)/端点(E)]: c 指定圆弧的圆心:             //选择点 B
指定圆弧的端点或 [角度(A)/弦长(L)]: 90
```

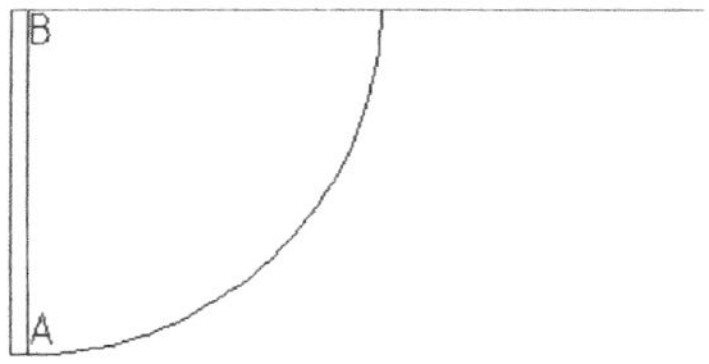

图 3-17　绘制圆弧

（4）利用延伸命令将圆弧延伸到矩形的左边线，如图 3-18 所示。

图 3-18　延伸后的效果

（5）使用 Trim 命令，修剪掉多余的线条，如图 3-19 所示。

（6）去掉辅助线，完成门的绘制，如图 3-14 所示。

使用 Mirror 命令镜像左开门为右开门，以便使用时直接插入。使用 Block 命令分别将左、右开门图形定义为“Ld900”和“Rd900”的门块。同理，绘制其他模数的门。插入门窗后的墙体如图 3-20 所示。

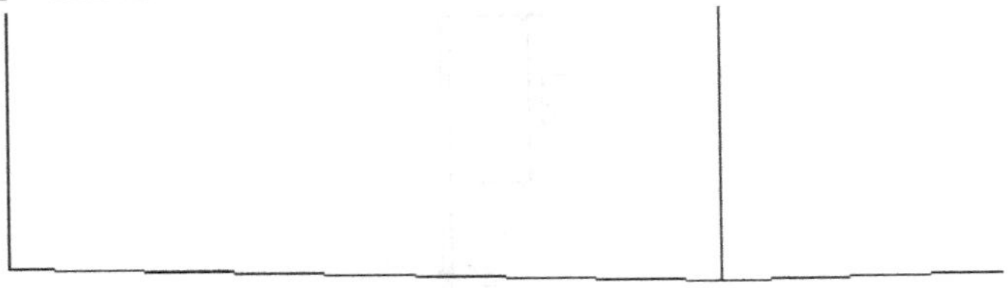

图 3-19　修剪后的效果

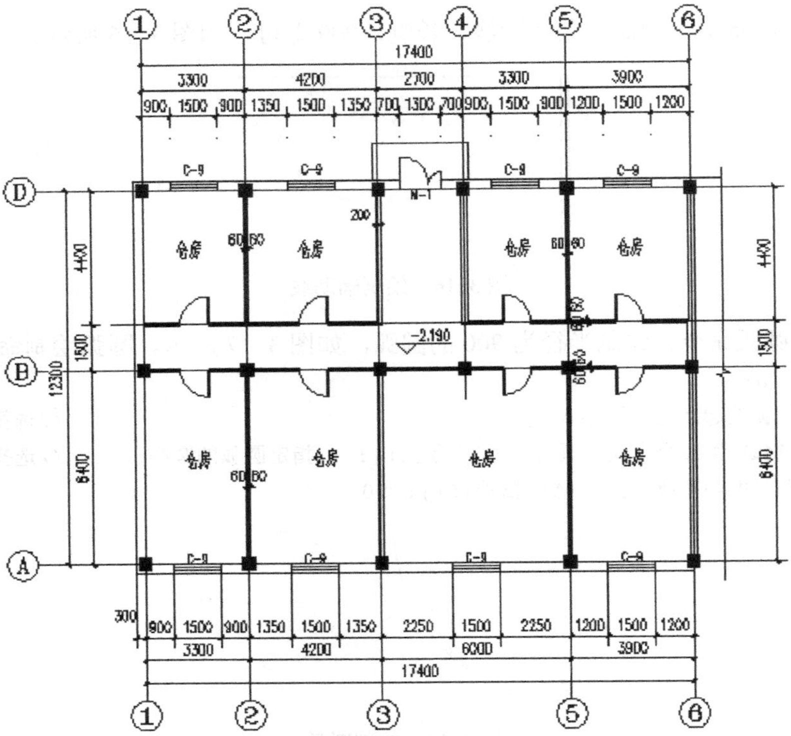

图 3-20　插入门窗后的平面图

3.2.7　其他构件绘制

（1）绘制楼梯。参照任务 2.9 进行楼梯的绘制。

（2）标注细部尺寸及文字标注。

（3）绘制其他。绘制室外台阶及散水、折断线、指北针等。

（4）打开绘制的 A2 样板文件，用 Scale 命令缩放图框，缩放比例为 100，然后将平面图布置在图框中。

（5）将文件以“地下仓库平面图.dwg”为名称保存。

实训任务 3

仿照地下仓库平面图的绘制过程，绘制一层平面图（见图 3-21）、二层平面图（见图 3-22）、三层平面图（见图 3-23）。

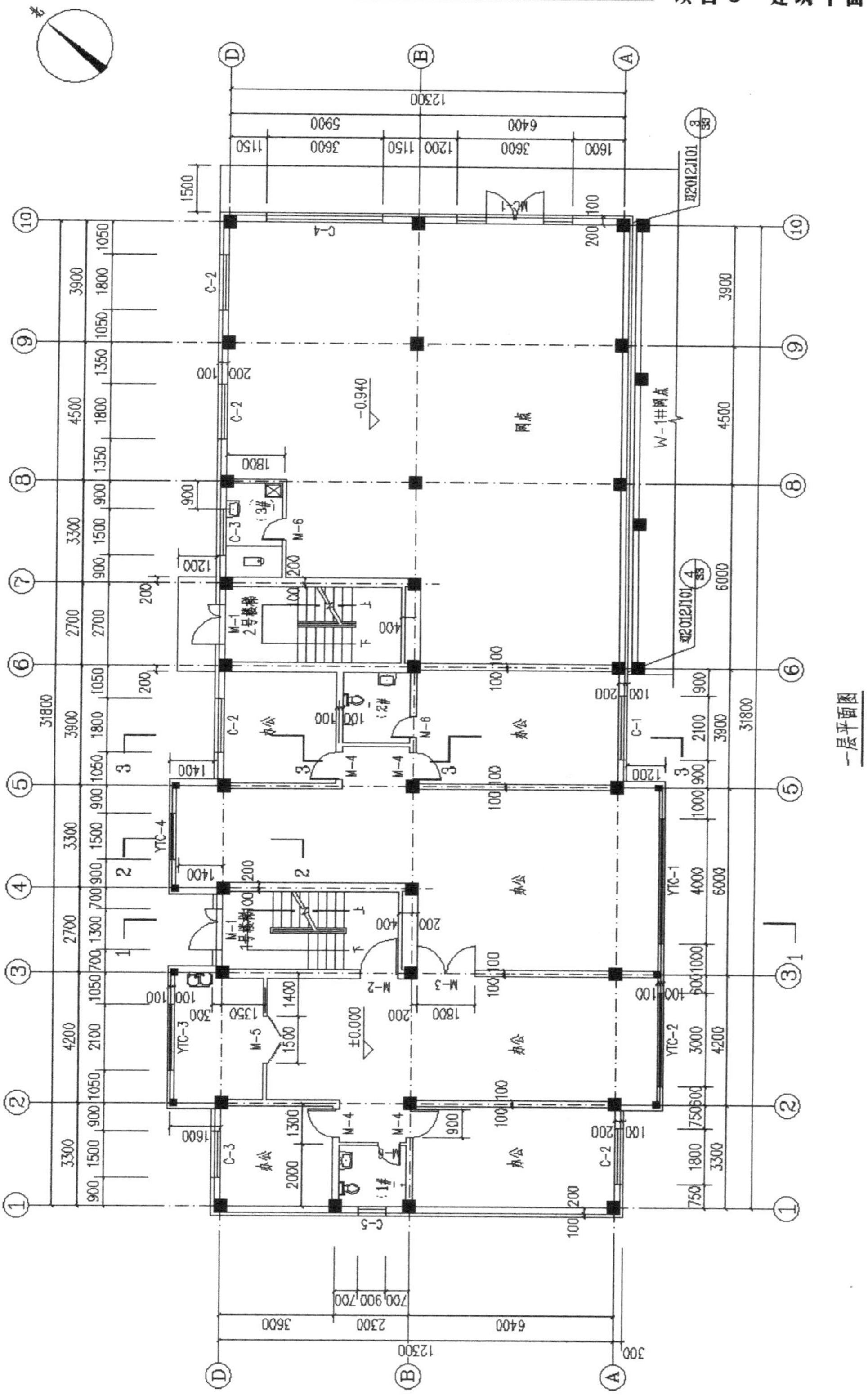
一层平面图
北
办公
网点
1号楼梯
2号楼梯
W-1#网点
YTC-1
YTC-2
YTC-3
YTC-4
M-1
M-2
M-3
M-4
M-5
M-6
C-1
C-2
C-3
C-4
C-5
±0.000
-0.940
31800
12300

图3-21 一层平面图

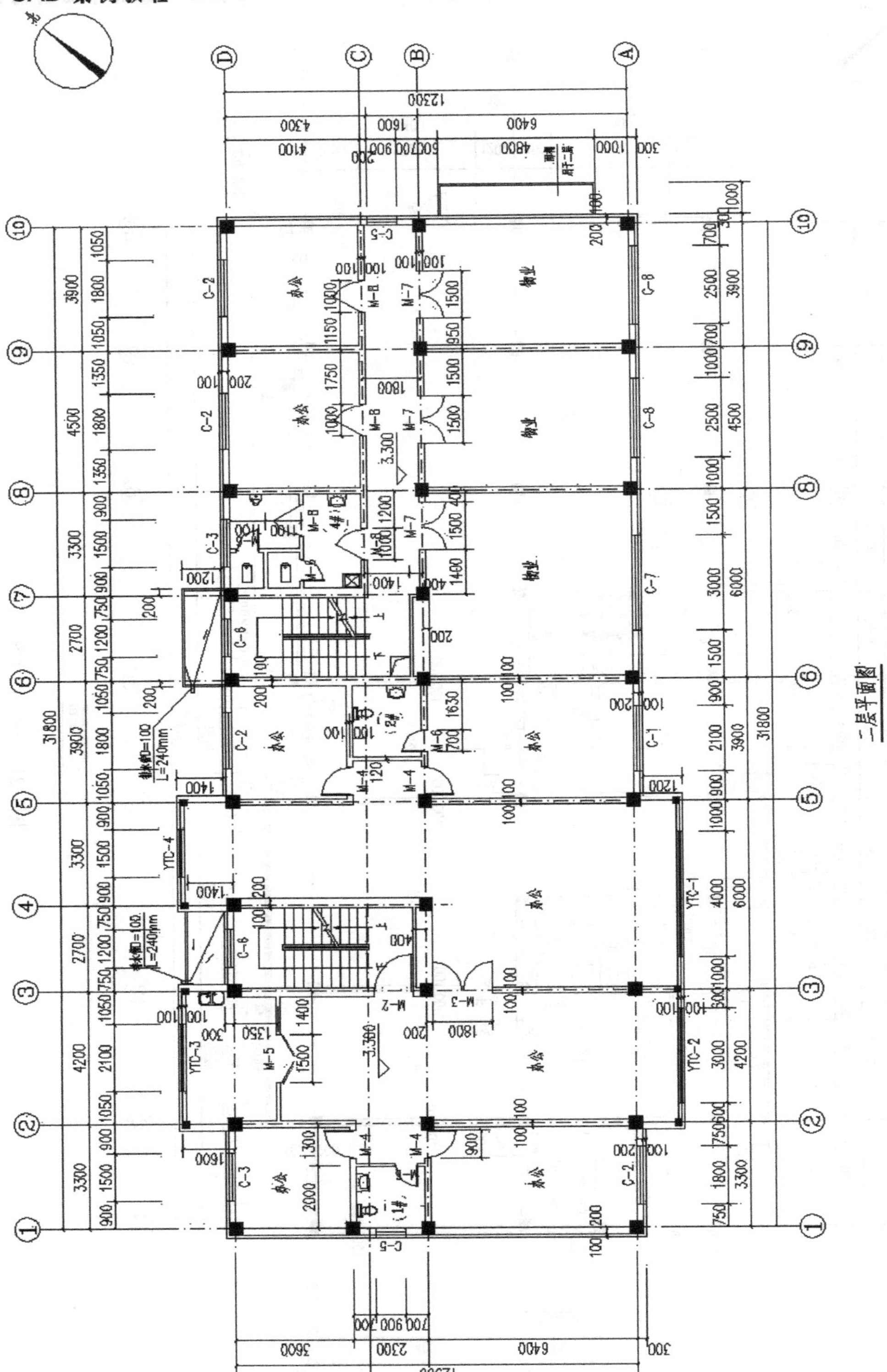
二层平面图
12300
31800
办公
物业
3.300
C-2
C-3
C-5
C-6
C-7
C-8
M-4
M-5
M-7
M-8
YTC-1
YTC-2
YTC-3
YTC-4

图3-22　二层平面图

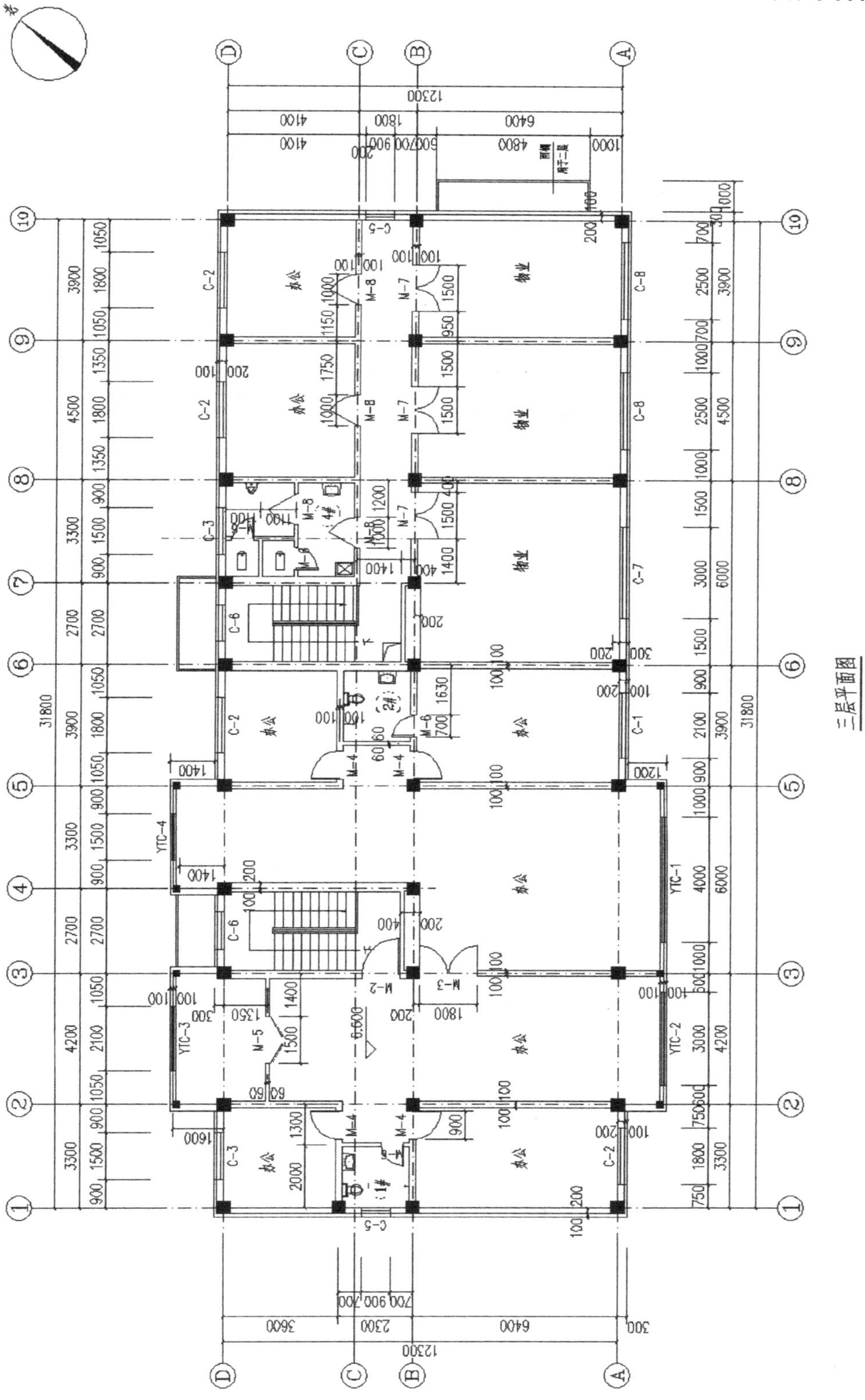
三层平面图
办公
物业
12300
31800
6.600
YTC-1
YTC-2
YTC-3
YTC-4
C-1
C-2
C-3
C-5
C-6
C-7
C-8
M-2
M-3
M-4
M-5
M-6
M-7
M-8

图3-23 三层平面图

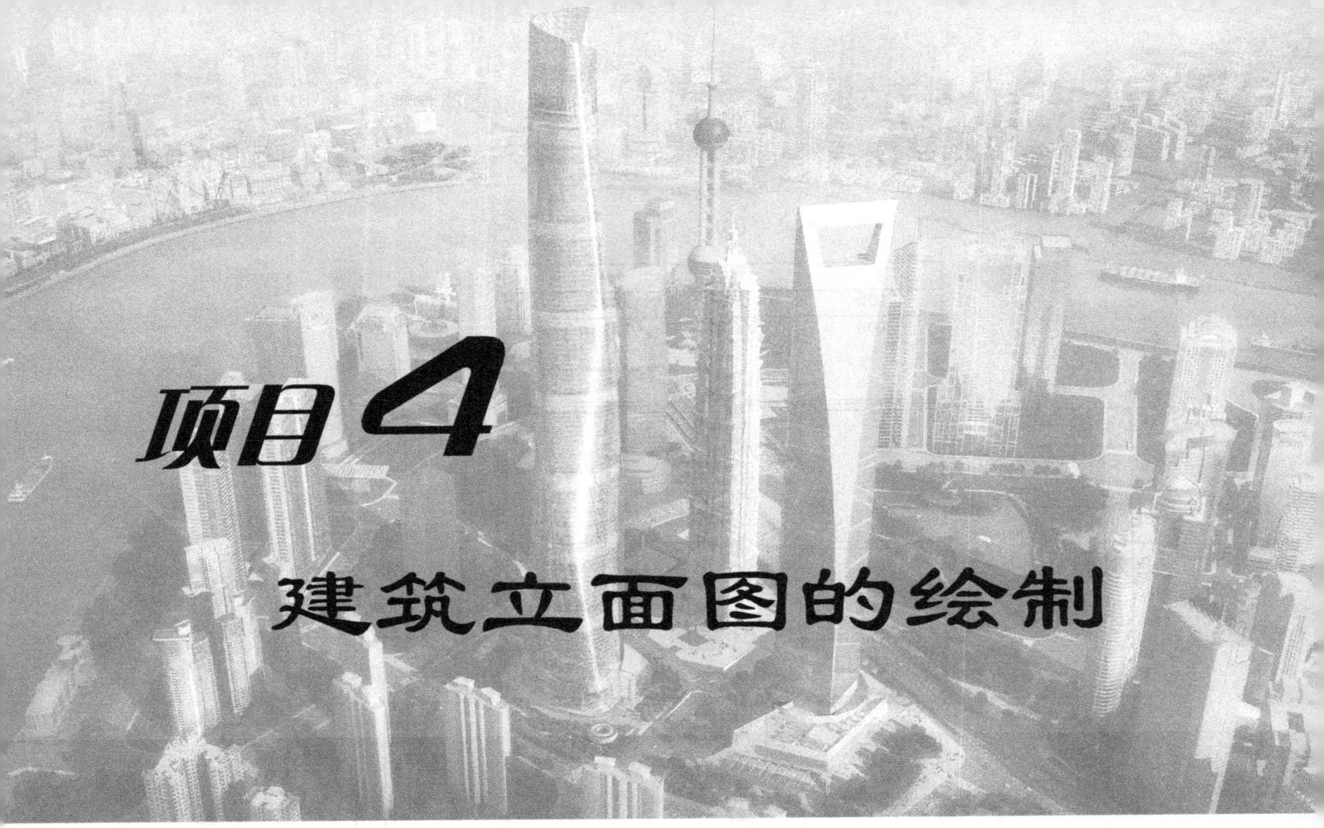

项目4

建筑立面图的绘制

任务4.1 认识建筑立面图

建筑立面图是指用正投影法对建筑各个外墙面进行投影所得到的正投影图。与平面图一样，建筑的立面图也是表达建筑物的基本图样之一，它主要反映建筑物的立面形式和外观情况。

4.1.1 建筑立面图的组成

建筑立面图主要包括以下内容。

（1）建筑的外观特征。

建筑立面图应将立面上所有看得见的细部都表现出来，但通常立面图的绘图比例较小，如门窗、阳台栏杆、墙面复杂的装饰等细部往往只用图例表示，它们的构造和做法，都应另有详图或文字说明。因此，习惯上往往对这些细部只分别画出一两个作为代表，其他都可以简化，只需画出轮廓线。

（2）建筑物各主要部分的标高。

包括室内外地面、窗台、门窗顶、阳台、雨蓬、檐口等处完成面的标高。

（3）立面图两端的定位轴线及编号。

（4）建筑立面所选用的材料、色彩和施工要求等，通常用简单的文字说明。

4.1.2 建筑立面图的绘制过程

用 AutoCAD 绘制建筑立面图的主要绘图过程如下：

（1）创建图层，如建筑轮廓层、轴线层、门窗层、标注层等。

（2）设置绘图环境，设置图形界限。

（3）将建筑平面图引入到当前图形中，或打开已经绘制好的建筑平面图，将其另存为一个文件，以此为基础绘制立面图。

（4）绘制建筑物的竖向投影线，然后绘制地平线、屋顶线等，构成建筑物的主要轮廓。

（5）利用投影线形成各层门窗洞口线。

（6）绘制门窗、墙面细节，如阳台、窗台及楼梯等。

（7）标注尺寸。

（8）书写文字。

（9）插入标准图框，并以绘图比例的倒数缩放图框。

4.1.3　绘制建筑立面图的注意事项

在绘制建筑立面图的过程中，应注意如下几点。

1. 立面图的命名

建筑立面图是用来研究建筑立面的造型和装修的。反映主要入口，或是比较显著地反映建筑物外貌特征的立面图叫作正立面图，其余面的立面图相应地称为背立面图和侧立面图。如果按照房屋的朝向来分，可以称为南立面图、东立面图、西立面图和北立面图。如果按照轴线编号来分，也可以根据平面图中的首尾轴线命名立面图，如①～⑬立面图、⑬～①立面图等。建筑立面图使用大量图例来表示很多细部，这些细部的构造和做法一般都另有详图。

2. 线型正确

为了层次分明，增强立面效果，建筑立面图中共涉及4种宽度的实线：立面的最外轮廓线用粗实线；地平线采用加粗实线（约为1.4倍的粗线宽）；台阶、门窗洞口、阳台等有凸凹的构造采用中粗实线；门窗、墙面分割线、雨水管等细部结构采用细实线绘制。

3. 与平面图中相关内容对应

建筑立面图的绘制离不开建筑平面图，在绘制建筑立面图的过程中，应随时参照平面图中的内容来进行，如门窗、楼梯等设施在立面图中的位置都要与平面图中的位置相对应。

4. 标注

建筑立面图中只标注立面的两端轴线及一些主要部分的标高，通常没有线性标注。

任务4.2　绘制南立面图

绘制如图4-1所示的南立面图，即将建筑物的南外墙面向与其平行的投影面投影得到的图样。绘制建筑立面图的步骤是绘制楼层定位线、门窗、阳台、台阶、雨蓬等，一般可先绘制一层的立面，再复制得到其他各楼层立面。

绘制建筑立面图（见图4-1），绘图比例为1∶100，采用A2图框。

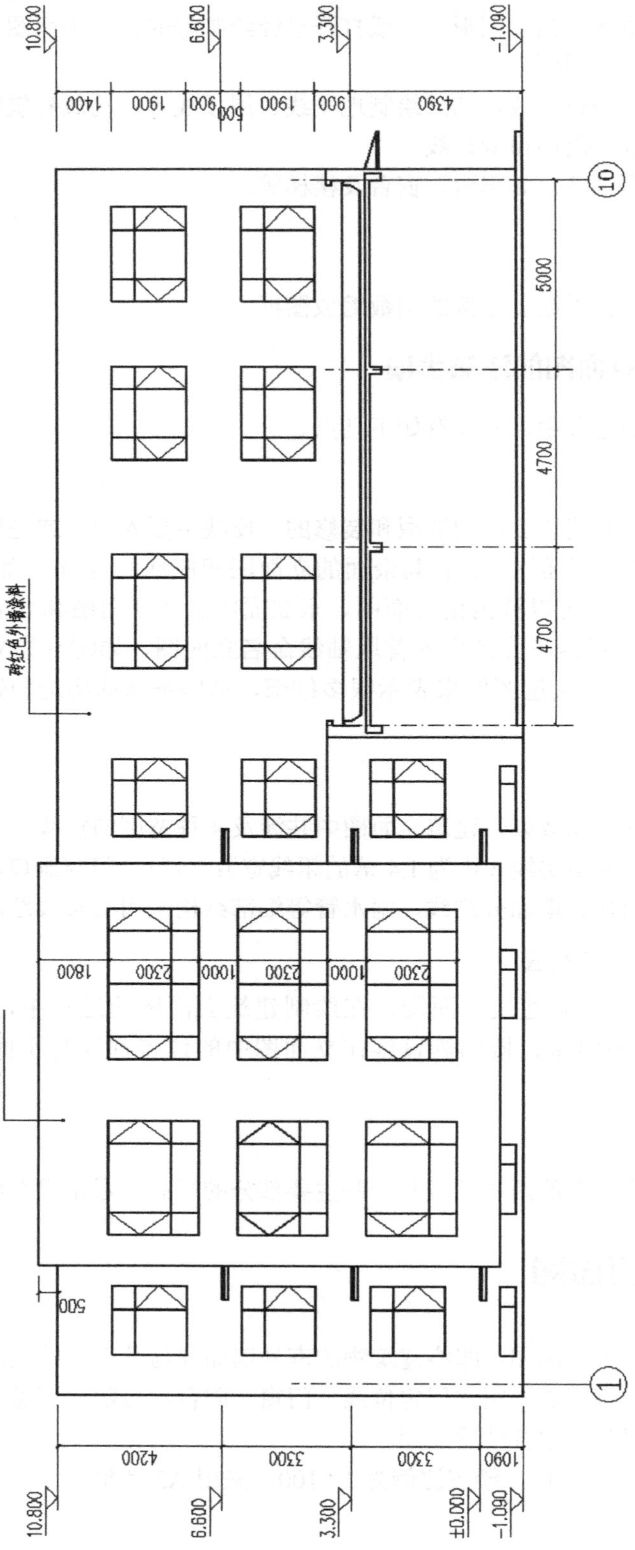
10.800
6.600
3.300
-1.090
±0.000
1400
1900
900
500
4390
5000
4700
砖红色外墙涂料
浅黄色外墙涂料
1800
2300
1000
4200
3300
1090
10
1
南立面图

图4-1　绘制南立面图

4.2.1　设置绘图环境

用 Limits（图形界限）命令设置图形界限为 59 400×420 000（A2×100），设置总体线型比例因子为 1 : 100。创建以下图层（见表 4-1），当创建不同的对象时，应切换到相应的图层。

表 4-1　立面图的图层

图层名称	颜　色	线　型	线　宽
轴线	红色	CENTERX2	默认
构造	白色	Continuous	0.7mm
地坪	白色	Continuous	1mm
轮廓	白色	Continuous	0.7mm
门窗	黄色	Continuous	默认
楼梯	221	Continuous	默认
标注	绿色	Continuous	默认
台阶	黄色	Continuous	默认
文字	白色	Continuous	默认

4.2.2　确定定位辅助线

确定定位辅助线，包括墙、柱定位轴线、楼层水平定位辅助线及其他立面图样的辅助线。

打开已绘制完毕的一层平面图，将其另存为一个文件，以此文件为基础绘制立面图。用 Xline（构造线）命令从平面图绘制建筑物轮廓的竖直投影线，再用 Line（直线）、Offset（偏移）、Trim（修剪）命令绘制室内外地坪线、屋顶线等，这些线条构成了立面图的主要布局线，如图 4-2 所示。

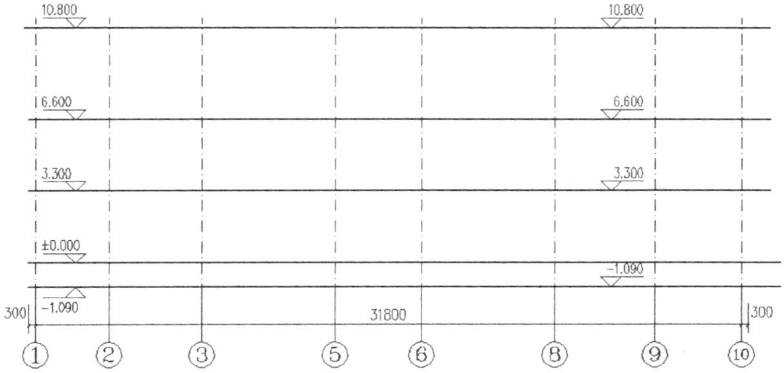

图 4-2　绘制立面图定位线

4.2.3　绘制立面图的轮廓线

用 Line（直线）命令绘制立面图的主要轮廓，如图 4-3 所示。

4.2.4　投影形成门窗洞口线

利用投影线形成各层门窗洞口线，如图 4-4 所示。

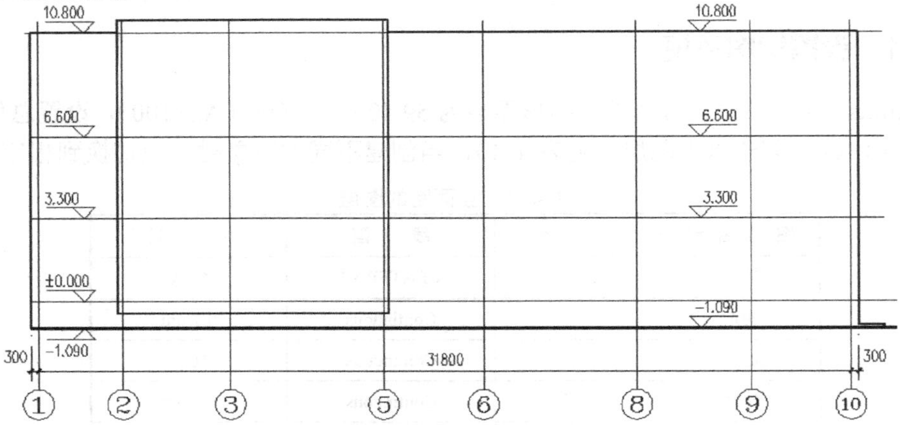

图 4-3　绘制建筑物的轮廓线

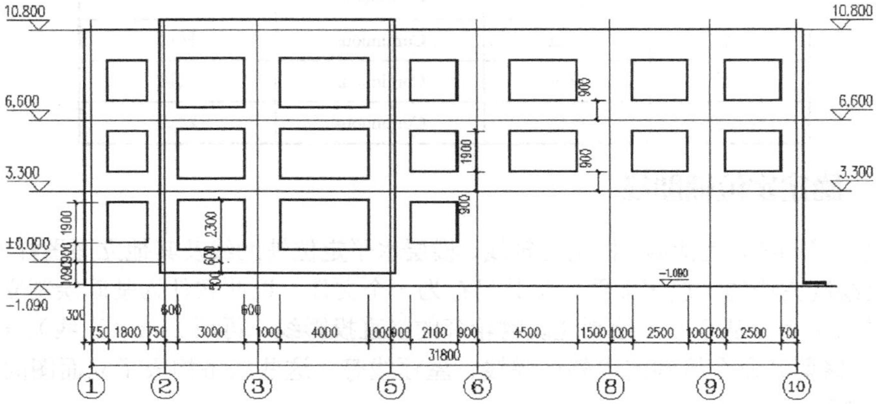

图 4-4　绘制门窗洞口线

4.2.5　创建门、窗、阳台立面图块

门、窗、阳台立面图一般以图块插入，窗户细部尺寸如图 4-5 所示。

4.2.6　插入门、窗、阳台立面图块

使用 Insert（插入）命令，插入已经创建好的门、窗、阳台立面图块，如图 4-6 所示。完成一层后复制得到其他各层立面，删除不需要的图线，如图 4-7 所示。

4.2.7　绘制其他构件

（1）绘制雨篷、台阶（如图 4-1 所示有台阶）。从平面图绘制竖直投影线，绘制雨篷及室外台阶。

（2）标注尺寸、标高等。

（3）打开绘制的 A2 样板文件，用 Scale 命令缩放图框，缩放比例为 100，然后将立面图布置在图框中，结果如图 4-8 所示。

（4）保存图形。该文件将用于绘制剖面图。

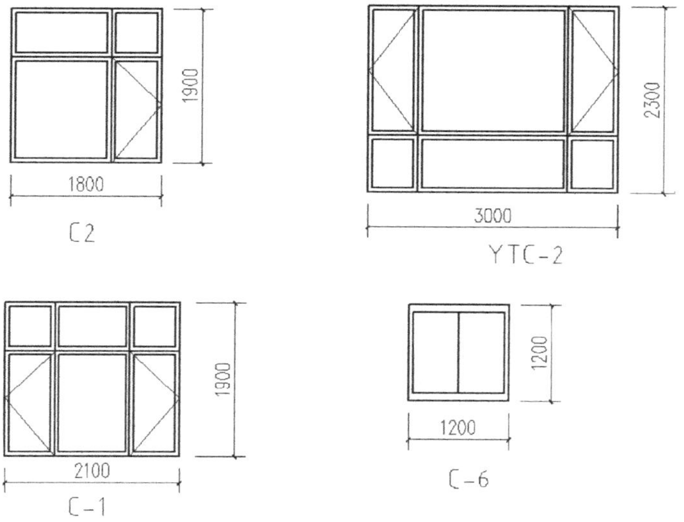

图 4-5　窗户细部尺寸

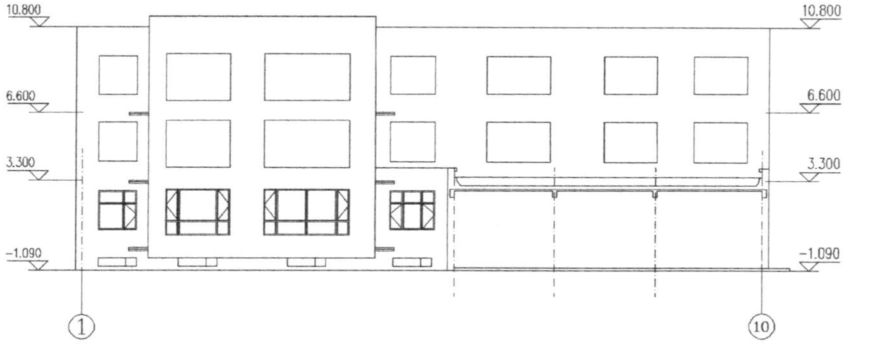

图 4-6　单层插入门、窗、阳台图块

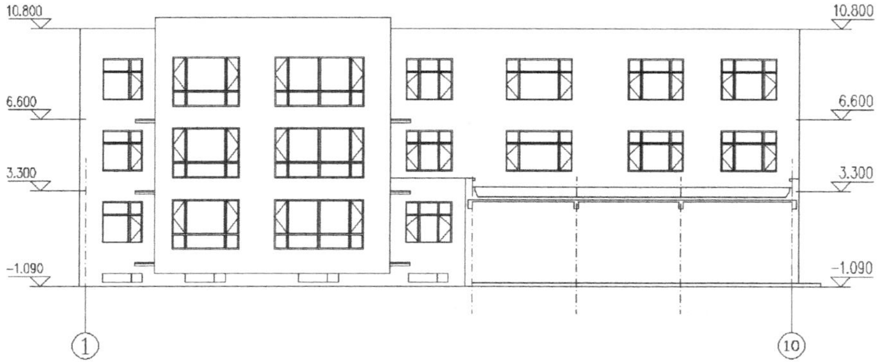

图 4-7　门、窗、阳台图块全部插入后的效果

实训任务 4

仿照南立面图的绘制过程，绘制北立面图（见图 4-9）、东立面图（见图 4-10）、西立面图（见图 4-11）。

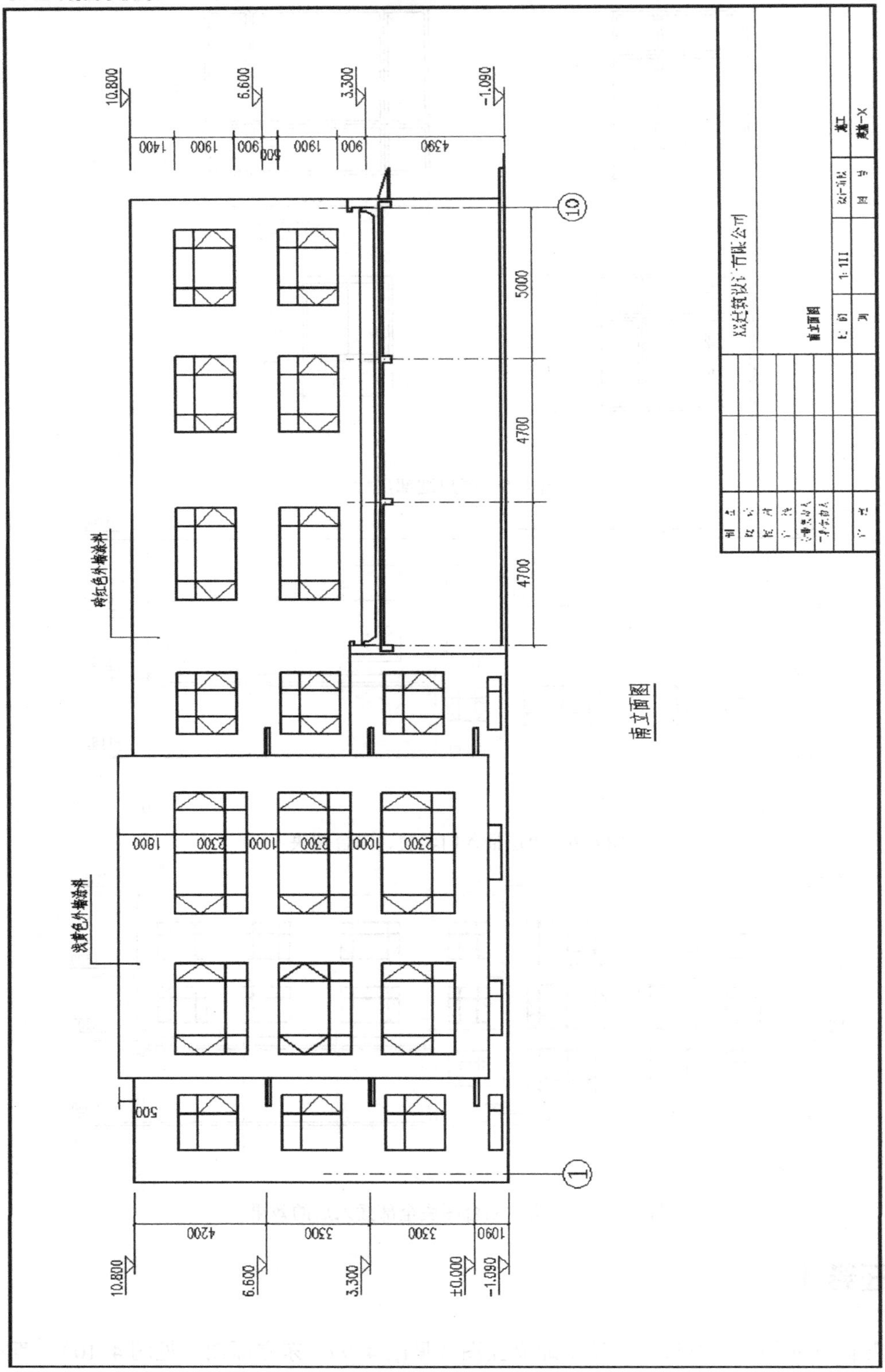
南立面图
10.800
6.600
3.300
±0.000
-1.090
4200
3300
1090
1400
1900
900
500
4390
5000
4700
2300
1000
1800
浅黄色外墙涂料
砖红色外墙涂料

图4-8 南立面图

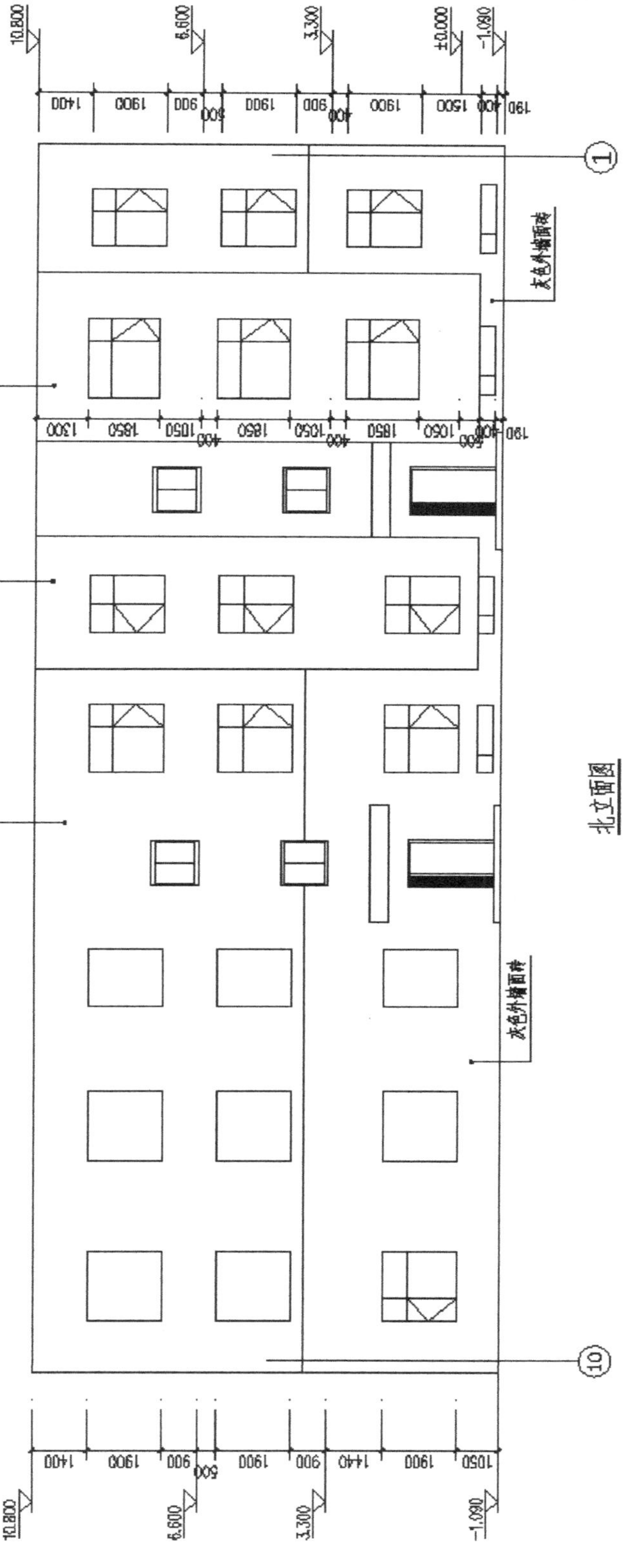

图4-9　北立面图

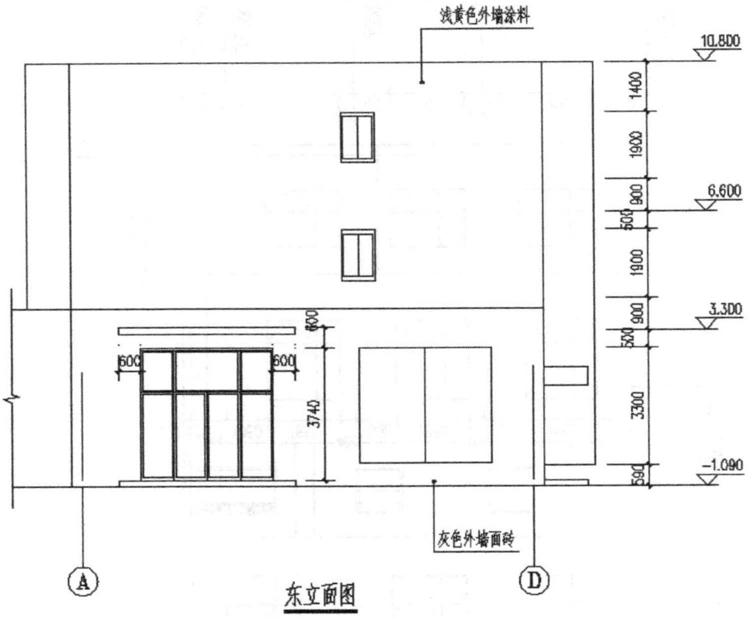

图 4-10　东立面图

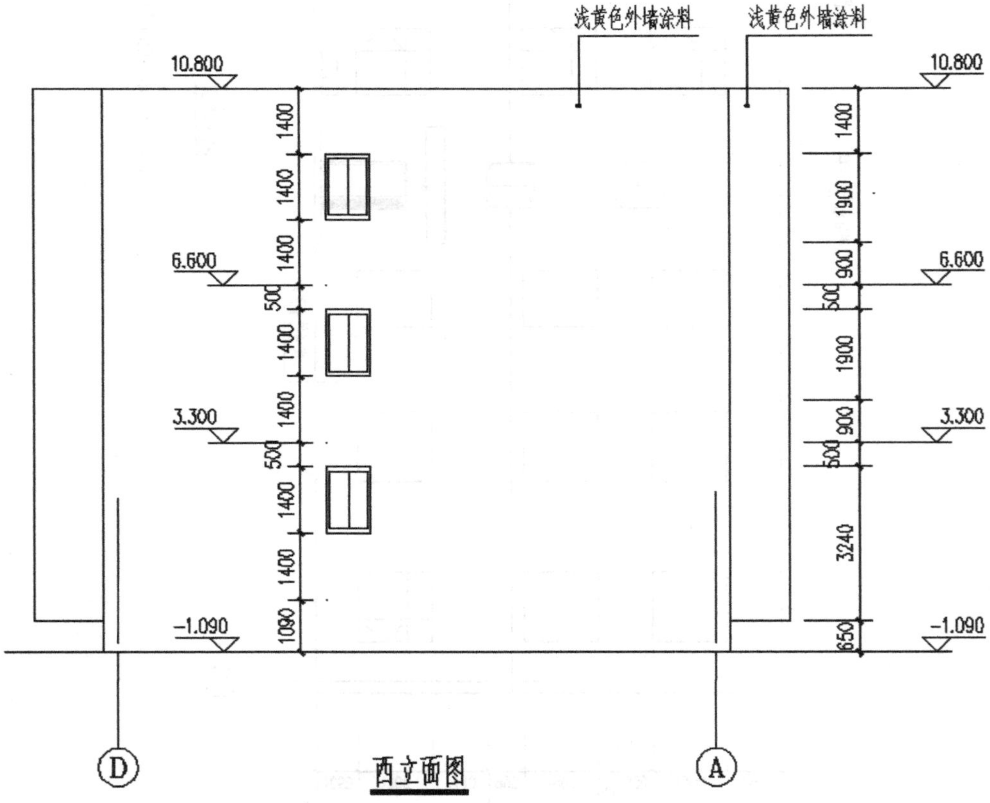

图 4-11　西立面图

项目5 建筑剖面图的绘制

建筑剖面图一般是指建筑物的垂直剖面图。为表明房屋内部垂直方向的主要结构，假想用一个平行于正立投影面或侧立投影面的竖直剖切面将建筑物垂直剖开，移去处于观察者和剖切面之间的部分，把余下的部分向投影面投射所得投影图，称为建筑剖面图，简称剖面图。

任务 5.1 认识建筑剖面图

5.1.1 建筑剖面图的组成

建筑剖面图主要表示建筑物垂直方向的内部构造和结构形式，反映房屋的层次、层高、楼梯、结构形式、层面及内部空间关系等。它与建筑平面图、立面图相配合，是建筑施工图中不可缺少的重要图样之一。

剖面图的剖切位置和数量要根据房屋的具体情况和需要表达的部位来确定。剖切位置应选择在内部结构和构造比较复杂或有代表性的部位。剖面图的图名和投影方向应与底层平面图上的标注一致。

建筑剖面图主要应表示出建筑物各部分的高度、层数和各部位的空间组合关系，以及建筑剖面中的结构、构造关系、层次和做法等，主要包括以下内容。

（1）剖面图名称。

剖面图的图名应与底层平面图上所标注剖切符号的编号一致。例如，“1 剖面图”、“2-2 剖面图”等。

（2）墙、柱、轴线及编号。

（3）建筑物被剖切到的各构配件。

主要包括：室内外地面（包括台阶、明沟及散水等）、楼面层（包括吊天棚）、屋顶层（包括隔热通风层、防水层及吊天棚）；内外墙及其门窗（包括过梁、圈梁、防潮层、女儿墙及压顶）；各种承重梁和联系梁、楼梯梯段及楼梯平台、雨蓬、阳台以及剖切到的孔道、水箱等的位置、形状及其图例。一般不画出地面以下的基础。

（4）建筑物未被剖切到的各构配件。

未剖切到的可见部分，如看到的墙面及其凹凸轮廓、梁、柱、阳台、雨蓬、门、窗、踢脚、勒脚、台阶（包括平台踏步）、雨水管，以及看到的楼梯段（包括栏杆、扶手）和各种装饰等的位置和形状。

（5）竖直方向的线性尺寸和标高。

线性尺寸主要有：外部尺寸——门窗洞口的高度；内部尺寸——隔断、洞口、平台等的高度。标高应包含底层地面标高，各层楼面、楼梯平台、屋面板、屋面檐口，室外地面等。

5.1.2 建筑剖面图的绘制过程

用 AutoCAD 绘制建筑剖面图的主要绘图过程如下：

（1）创建图层，如墙体层、楼面层、门窗层、构造层、标注层等。

（2）设置绘图环境，设置图形界限。

（3）将建筑平面图、立面图引入到当前图形中，作为绘制剖面图的辅助图形。

（4）将平面图旋转 90° 并放置在合适的位置，从平面图和立面图绘制竖直和水平投影线，修剪多余线条，形成剖面图的主要布局线。

（5）利用投影线形成各层门窗高度线、墙体厚度线和楼板厚度线等。

（6）以布局线为基准绘制未剖切到的墙面细节，如阳台、窗台及墙体等。

（7）标注尺寸。

（8）书写文字。

（9）插入标准图框，并以绘图比例的倒数缩放图框。

5.1.3 绘制建筑剖面图的注意事项

1. 找准剖切位置及投影方向

注意底层平面图上的剖切符号，看准其剖切位置及投影方向。

2. 线型正确

建筑剖面图中的实线只有粗、细两种。被剖切到的墙、柱等构配件用粗实线绘制，其他可见构配件用细实线绘制。

3. 与平面图、立面图中相关内容对应

建筑的平、立、剖面图相当于物体的三视图，因此建筑剖面图的绘制离不开建筑平面图、立面图。在建筑剖面图中绘制如门窗、台阶、楼梯等构配件时，应随时参照平面图、立面图中的内容正确对应各相应构配件的位置及具体的大小尺寸。因此，绘制剖面图必须结合平面图、立面图。

任务 5.2　绘制剖面图

如图 5-1 所示为某办公楼的 1 剖面图，剖切位置为底层平面图（剖切位置见图 3-21 一层平面图上的剖切符号）。绘制建筑剖面图的步骤是：绘制楼层定位线、墙体、楼面板、梁柱、门窗、楼梯等。

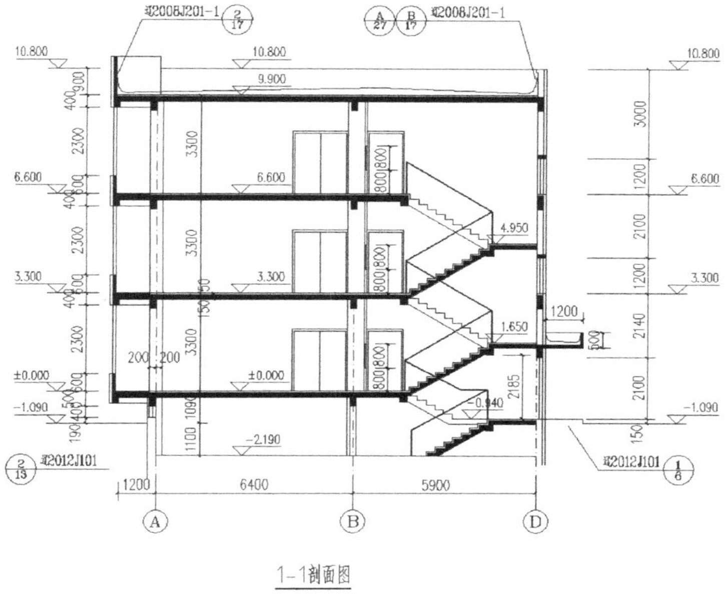

图 5-1　1 剖面图

5.2.1　设置绘图环境

设置图形界限为 42 000×297 000（A3×100），设置总体线型比例因子为 1∶100，创建以下图层（见表 5-1）。当创建不同的对象时，应切换到相应的图层。

表 5-1　剖面图的图层

图层名称	颜　色	线　型	线　宽
轴线	红色	CENTERX2	默认
构造	白色	Continuous	0.7 mm
地坪	白色	Continuous	默认
轮廓	白色	Continuous	0.7 mm
门窗	黄色	Continuous	默认
楼梯	221	Continuous	默认
标注	绿色	Continuous	默认
台阶	黄色	Continuous	默认
文字	白色	Continuous	默认

5.2.2　确定定位轴线

绘制定位辅助线。可将平面图、立面图作为绘制剖面图的辅助图形。将平面图旋转 90°并布置在合适的位置，从平面图、立面图绘制竖直及水平投影线，形成剖面图的主要特征，然后绘制剖面图各部分细节，如图 5-2 所示。

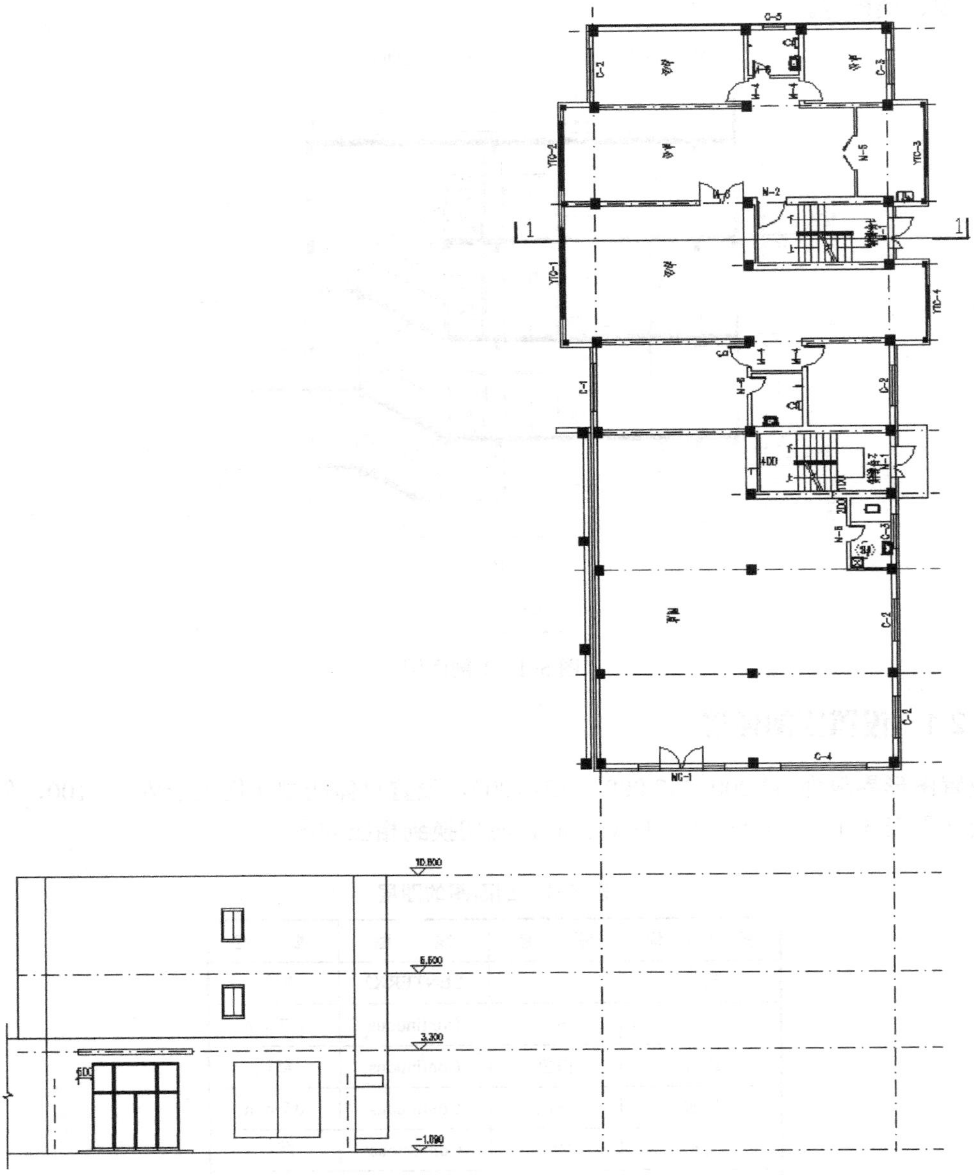

图 5-2　绘制投影线

5.2.3　绘制墙体

从平面图绘制竖直投影线，投影墙体，如图 5-3 所示。

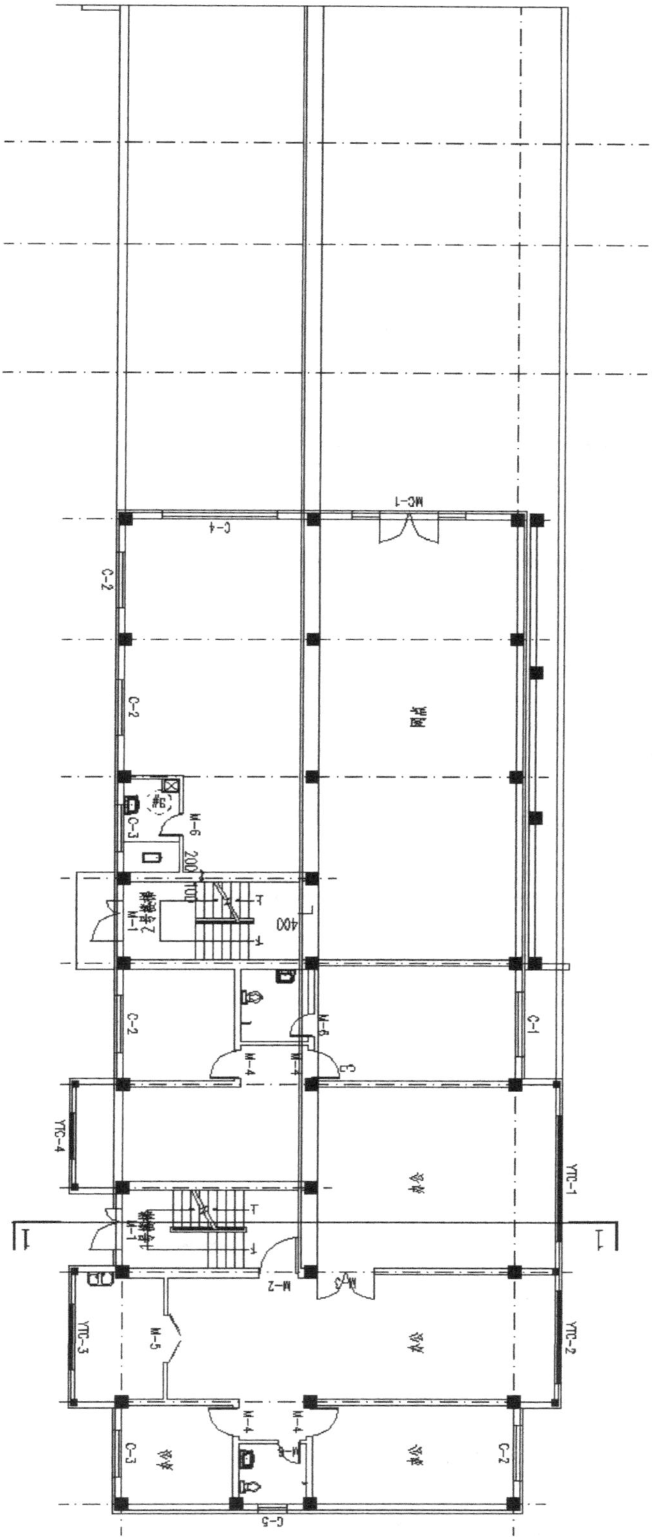

图5-3　墙体投影

5.2.4 绘制楼板、形成门窗洞口

从立面图绘制水平投影线，再用 Offset（偏移）、Trim（修剪）等命令形成楼板、窗洞及檐口，然后填充，如图 5-4 所示。

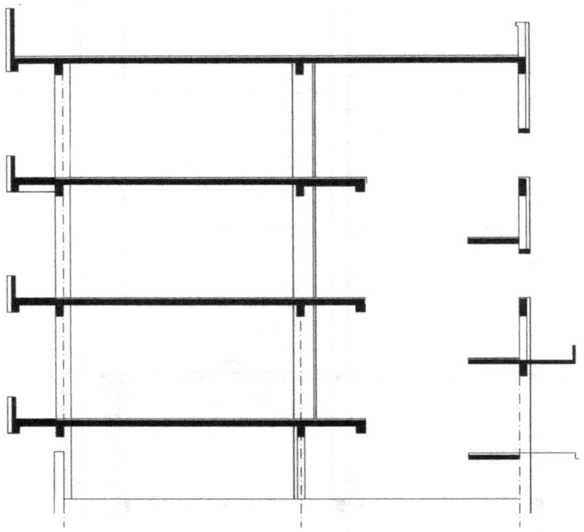

图 5-4 绘制楼板、门窗洞口

5.2.5 绘制楼梯

绘制楼梯的具体步骤参照任务 2.12，绘制结果如图 5-5 所示。

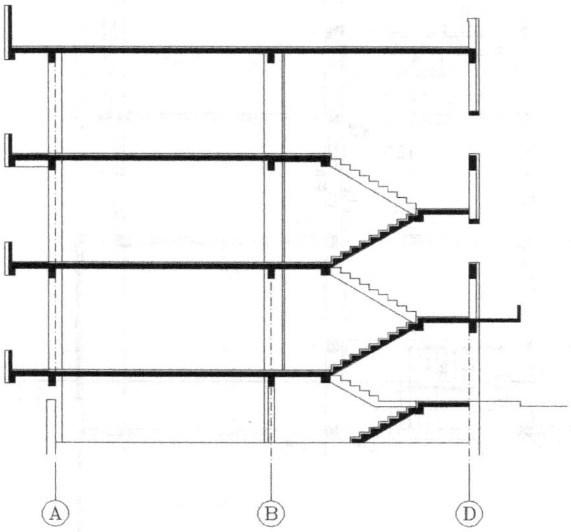

图 5-5 绘制楼梯

5.2.6 绘制窗户、门、柱及其他细节

绘制窗户、门、柱等，绘制结果如图 5-6 所示。

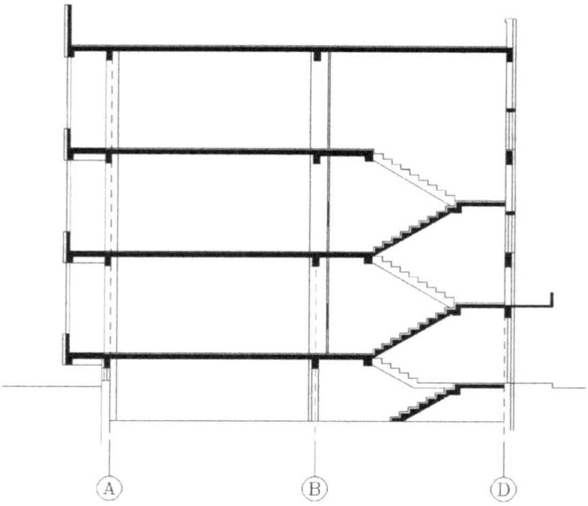

图 5-6　绘制窗户、门、柱等

5.2.7　其他构件绘制

（1）标注尺寸及文字说明。

（2）绘制 A3 图框，用 Scale 命令缩放图框，缩放比例为 100，然后将剖面图布置在图框中。

（3）保存图形，文件名为“1 剖面图”。

实训任务 5

仿照 1 剖面图的绘制过程，绘制 2-2 剖面图（见图 5-7）、3-3 剖面图（见图 5-8）。

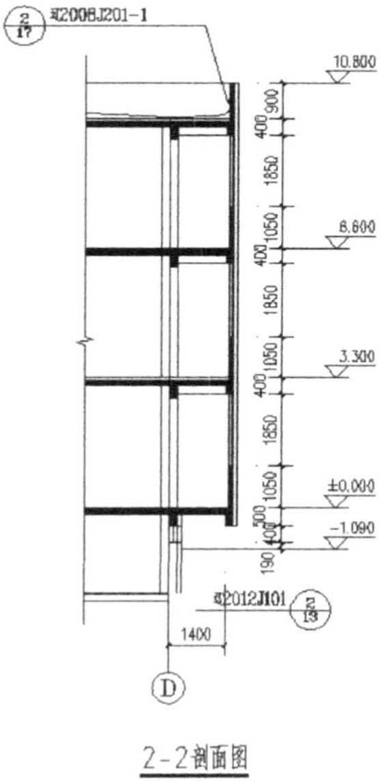

图 5-7　2-2 剖面图

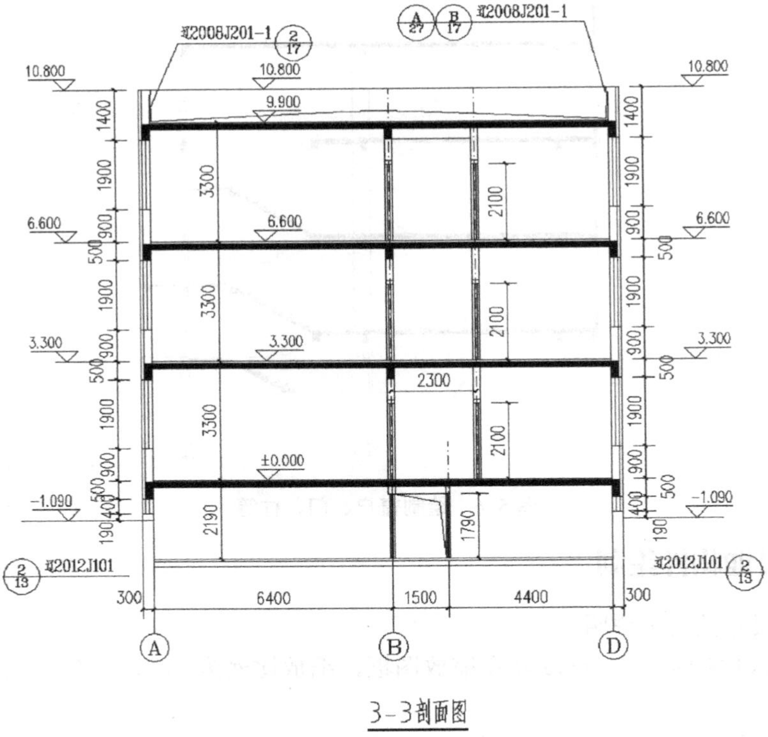

图 5-8　3-3 剖面图

项目6 建筑详图的绘制

任务6.1 了解建筑详图的内容与绘制过程

6.1.1 建筑详图的主要内容

建筑详图就是把房屋的细部结构，配件的形状、大小、材料的做法，按正投影原理，用较大的比例绘制出来的图样。它是建筑平面图、立面图和剖面图的重要补充。建筑详图所用比例依图样的繁简程度而定，常用的比例为1∶1、1∶2、1∶5、1∶10、1∶20。建筑详图可分为节点详图、构配件详图和房间详图三类。

通常情况下，如已完成建筑平面图、建筑立面图和建筑剖面图的绘制，则可从中抽取相应的部位，再通过 AutoCAD 强大的绘图功能和编辑功能完成详图的绘制。但如果详图和已绘制出的建筑施工图差别较大，就必须独立绘制建筑详图。

建筑详图主要包括的内容有如下几种：

（1）某部分的详细构造及详细尺寸；

（2）使用的材料、规格及尺寸；

（3）有关施工要求及制作方法的文字说明。

6.1.2 建筑详图的绘制过程

绘制建筑详图的主要过程如下：

（1）创建图层。

（2）需要时可将平面图、立面图或剖面图中的有用部分复制到当前图形中，以减少工作量。

（3）不同绘制比例的详图都按 1∶1 的比例绘制。可先画出作图基准线，然后利用 Offset 及 Trim 命令形成图样的细节。

（4）插入标准图框，并以出图比例的倒数缩放图框。

（5）对绘图比例与出图比例不同的详图进行缩放操作，缩放比例因子等于绘图比例与出图比例的比值，然后再将所有详图布置在图框内。例如，有绘图比例为 1∶20 和 1∶50 的两张详图，要布置在 A3 幅面的图纸内，出图比例为 1∶50，应先用 Scale 命令缩放 1∶20 的详图，缩放比例因子为 2.5。

（6）标注尺寸。

（7）对已经缩放 *n* 倍的详图，应采用新样式进行标注。标注总体比例为出图比例的倒数，尺寸数值比例因子为 1/*n*。

（8）书写文字。

（9）保存文件。

任务 6.2　绘制卫生间详图

绘制如图 6-1 所示的 1#卫生间平面详图，绘制过程参照任务 2.11，步骤不再一一介绍。

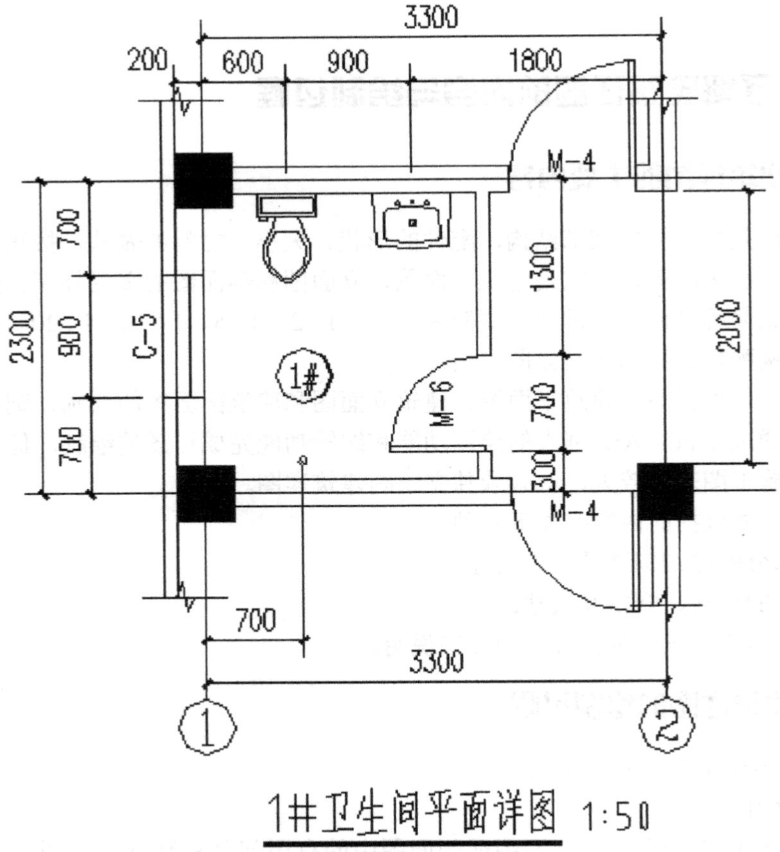

图 6-1　1#卫生间平面详图

实训任务 6

绘制如图 6-2 所示的 2#卫生间平面详图，绘制如图 6-3 所示的 3#卫生间平面详图，绘制如图 6-4 所示的 4#卫生间平面详图。

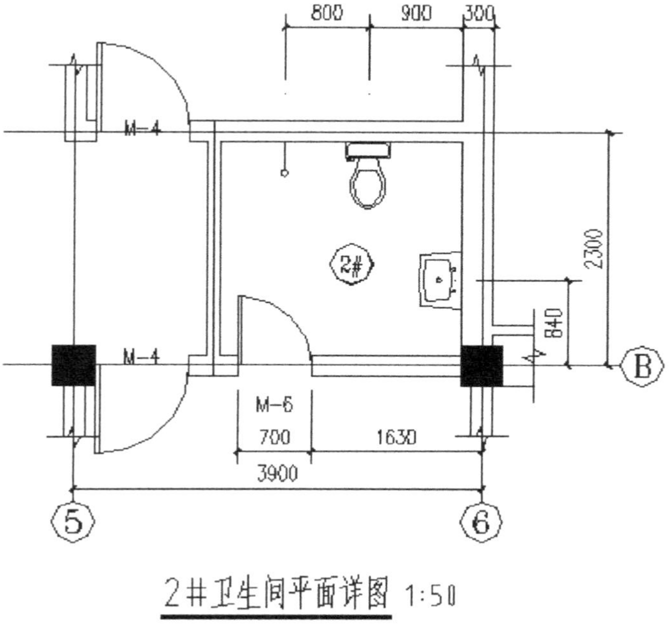

图 6-2　2#卫生间平面详图

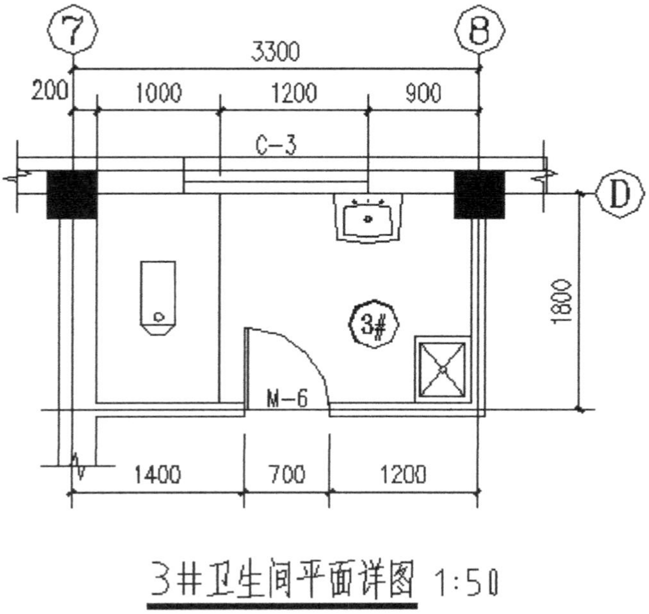

图 6-3　3#卫生间平面详图

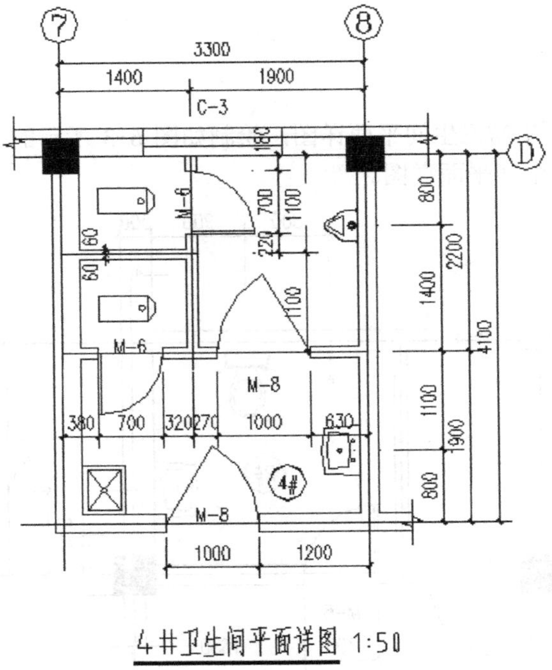

图 6-4　4#卫生间平面详图

结构施工图篇

本篇比较系统地介绍建筑结构施工图的绘制。结构施工图的绘制方法和建筑施工图的绘制方法相同，目前结构施工图大多采用平面整体注写方式，一套完整的结构施工图主要应该包含基础平面配筋图、柱平面配筋图、梁平面配筋图、板平面配筋图、楼梯配筋图等几部分，对于剪力墙结构，还应有剪力墙平面配筋图。

不同工程包含的结构施工图不同，本篇项目选取的工程主体为三层框架结构，局部有半地下室，现浇混凝土楼板；建筑面积为 1 397.94 m^2，建筑高度为 10.990 m，建筑长度为 32.400 m，建筑宽度为 12.900 m，室内、外高差为 0.150 m。该工程共有 14 张结构施工图，如图纸目录表所示。

图纸目录表

图　别	图　号	图 纸 名 称	备　　注
结施	1	结构设计总说明（一）	
结施	2	结构设计总说明（二）	
结施	3	桩基础平面布置图	
结施	4	柱平面布置图	
结施	5	−0.040 m 梁配筋平面图	
结施	6	−0.040 m 板配筋平面图	
结施	7	3.260 m 梁配筋平面图	
结施	8	3.260 m 板配筋平面图	
结施	9	6.560 m 梁配筋平面图	
结施	10	6.560 m 板配筋平面图	

续表

图　别	图　号	图 纸 名 称	备　　注
结施	11	9.900 m 梁配筋平面图	
结施	12	9.900 m 板配筋平面图	
结施	13	1#楼梯配筋平面图	
结施	14	2#楼梯配筋平面图	

项目 7 选取图号 3（桩基础平面布置图）、项目 8 选取图号 4（柱平面布置图）、项目 9 选取图号 7（3.260 m 梁配筋平面图）、项目 10 选取图号 8（3.260 m 板配筋平面图）、项目 11 选取图号 13（1#楼梯配筋平面图）为绘制实例。

项目 7 桩基础平面布置图

本工程基础形式为独立桩基础，包括三大部分：桩基础平面布置图、承台（CT）平面图、截面配筋图和基础梁配筋图。桩基础平面布置图主要表示基础的承台、基础梁平面位置及其名称和尺寸；承台（CT）平面图主要注写承台（CT）平面尺寸及内部主要钢筋的配筋信息；基础梁配筋图表示不同位置基础梁的配筋信息。桩基础平面布置图如图 7-1 所示。

为方便绘图和管理，新建 6 个图层：

（1）轴线图层——绘制轴网；

（2）标注图层——进行尺寸标注；

（3）文字图层——输入文字；

（4）基础图层——绘制基础的轮廓线；

（5）基础截面图层——绘制基础截面图；

（6）基础钢筋图层——绘制基础钢筋。

任务 7.1 绘制轴网

1. 绘制轴线

图形界限设置为 A2 图幅的 100 倍（59 400×42 000），将轴线图层设置为当前图层，在线型管理器中将全局比例因子改为 100。利用偏移命令完成所有轴线的绘制，如图 7-2 所示。

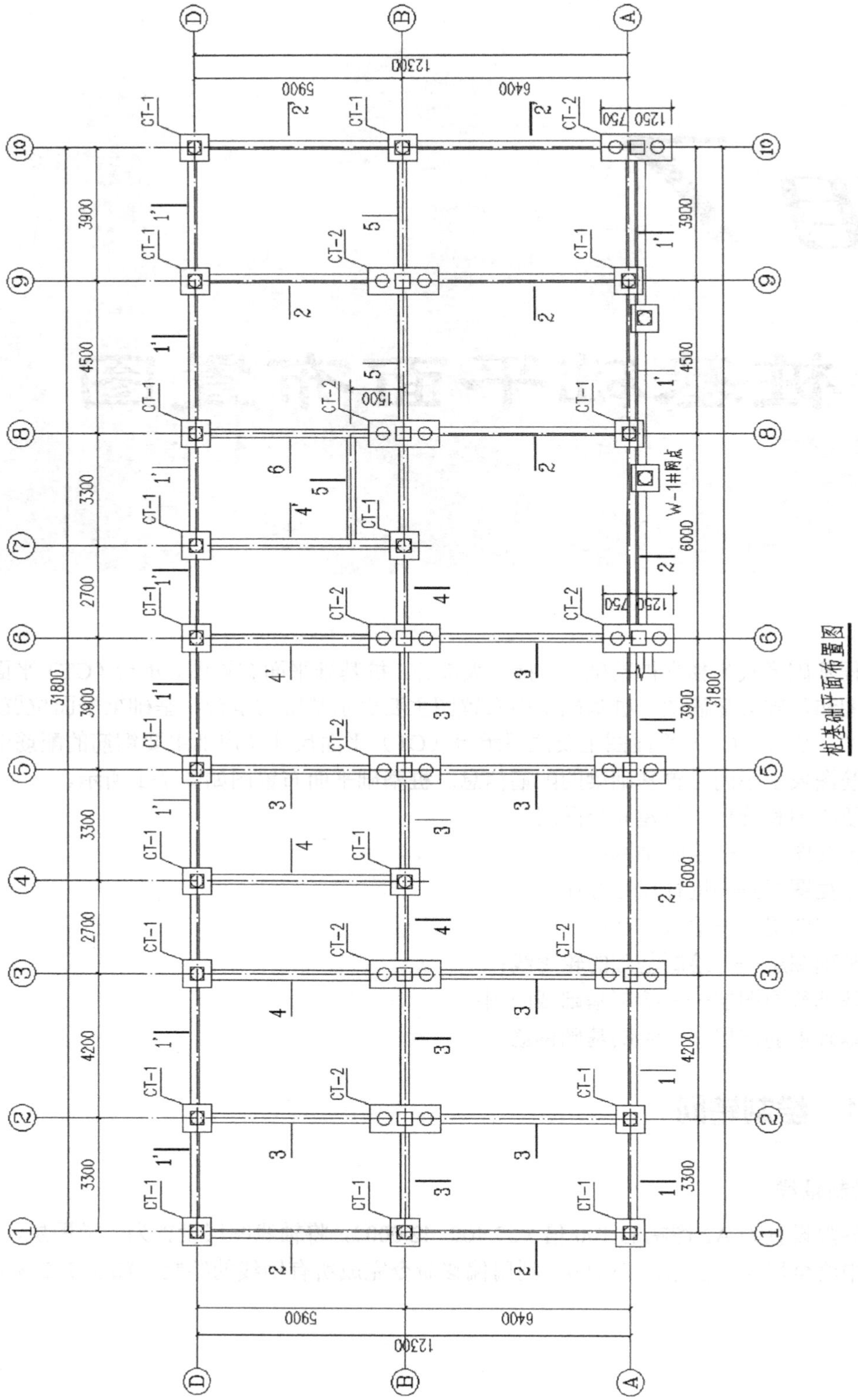

图7-1　桩基础平面布置图

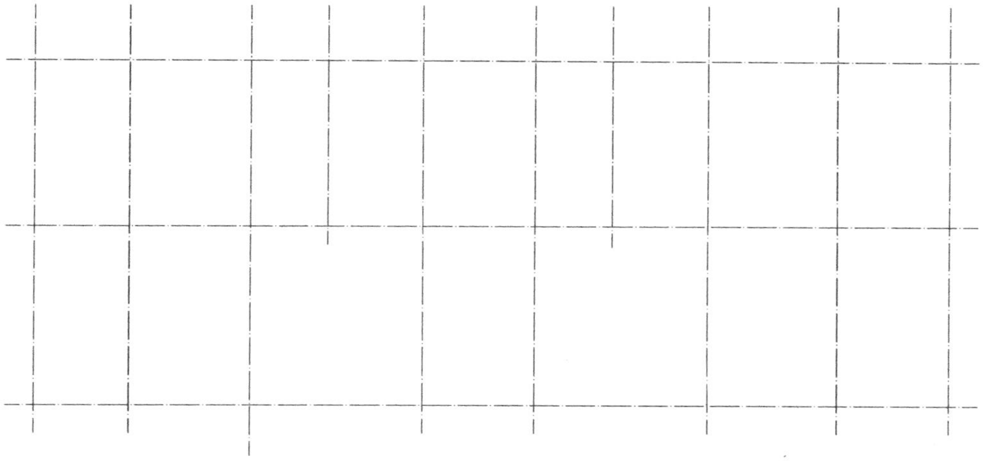

图 7-2 绘制轴线

2. 绘制轴号

单击“绘图”工具栏中的“圆”按钮，在轴线端部绘制直径为 800 mm（绘图比例为 1∶100）的圆；定义带属性的块，将编号设为块的文字属性，插入块生成轴线编号。绘制轴号，结果如图 7-3 所示。

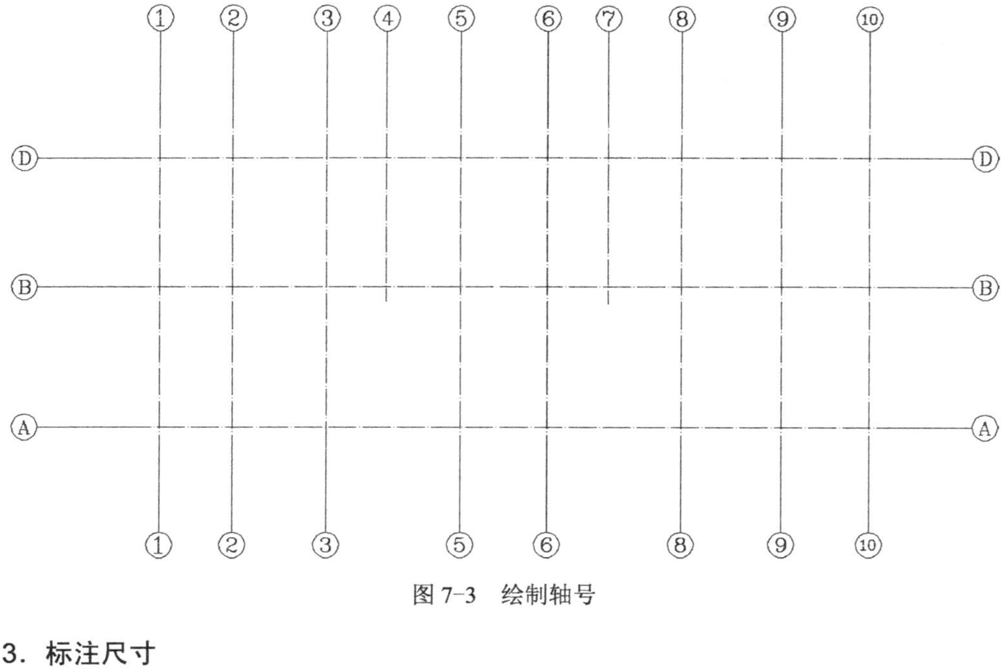

图 7-3 绘制轴号

3. 标注尺寸

进入标注图层，根据之前创建的标注样式，这里可以对标注中的文字高度进行调整，以使标注更清楚和美观。根据轴网的大小，标注的文字高度为 3.5（其他标注要素保持与设置的样式不变）。对轴网进行尺寸标注时，第一个标注采用线性标注，后面的标注采用连续标注或基线标注。完成标注后的轴网如图 7-4 所示。

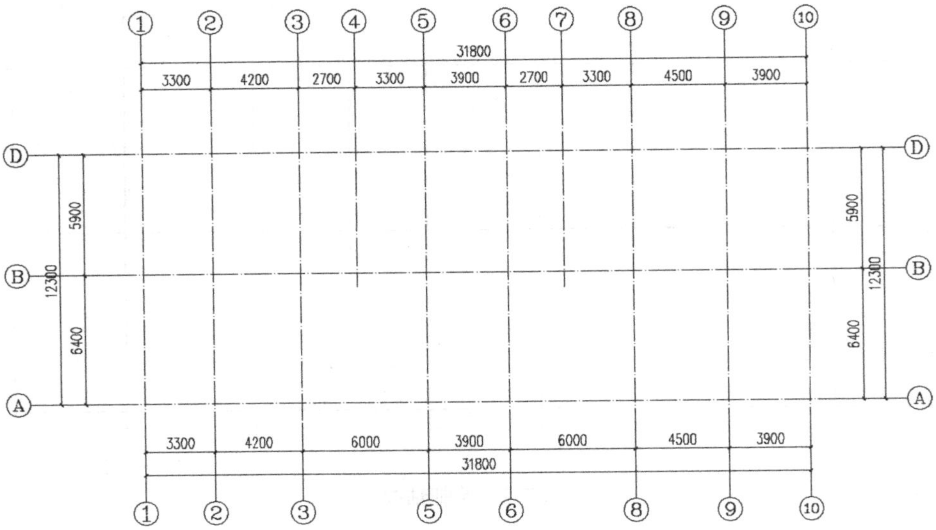

图 7-4　完成标注后的轴网

4. 生成样板文件

将绘制好的轴网生成样板文件，取名为“轴网”，操作参照任务 2.13 中的样板文件。

任务 7.2　绘制承台

绘制承台 CT-1 的步骤如下：

（1）绘制 800 mm×800 mm 的矩形。

（2）选择偏移命令，选取矩形向内偏移 200 mm。

（3）绘制中点线，选择圆命令，以中点为原点绘制直径为 400 mm 的圆柱。

（4）选取完成的图形（见图 7-5 左图）进行块编辑，取名为 CT-1，将块插入绘制好的轴网图中对应的位置。

（5）CT-2 的绘制参考 CT-1（见图 7-5 右图）。将块 CT-1、CT-2 插入到指定的位置，绘制结果如图 7-6 所示。

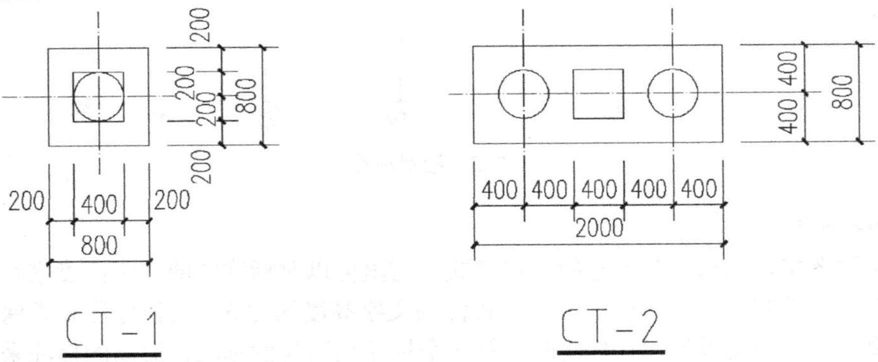

图 7-5　承台 CT-1、CT-2 平面图

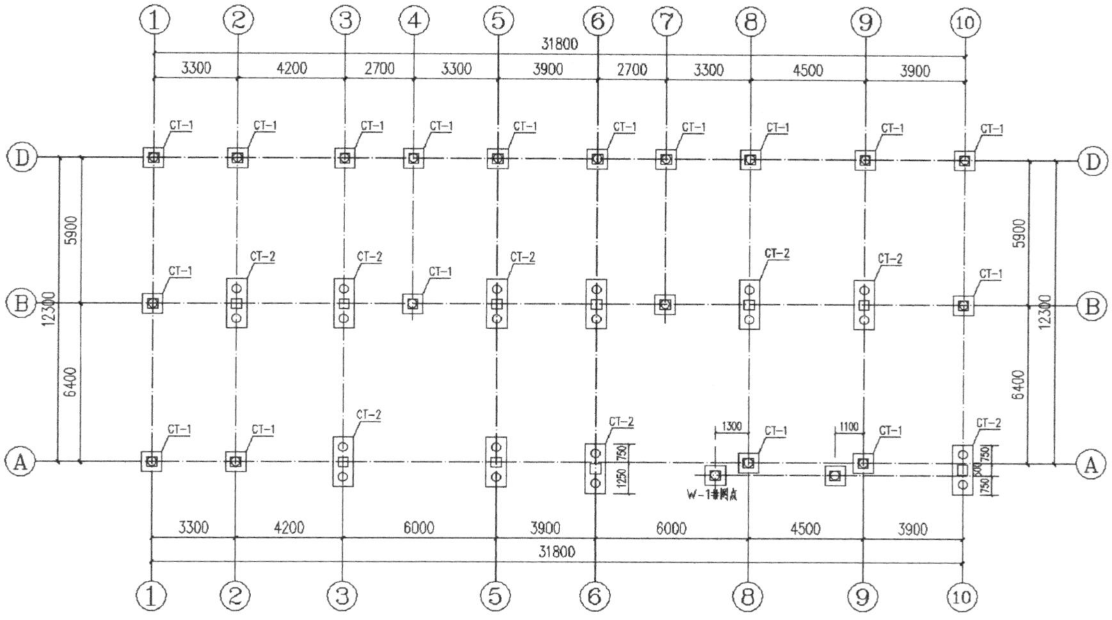

图 7-6　插入承台平面图

任务 7.3　绘制基础梁及剖号

基础梁及剖号绘制完成后的桩基础平面布置图如图 7-7 所示。

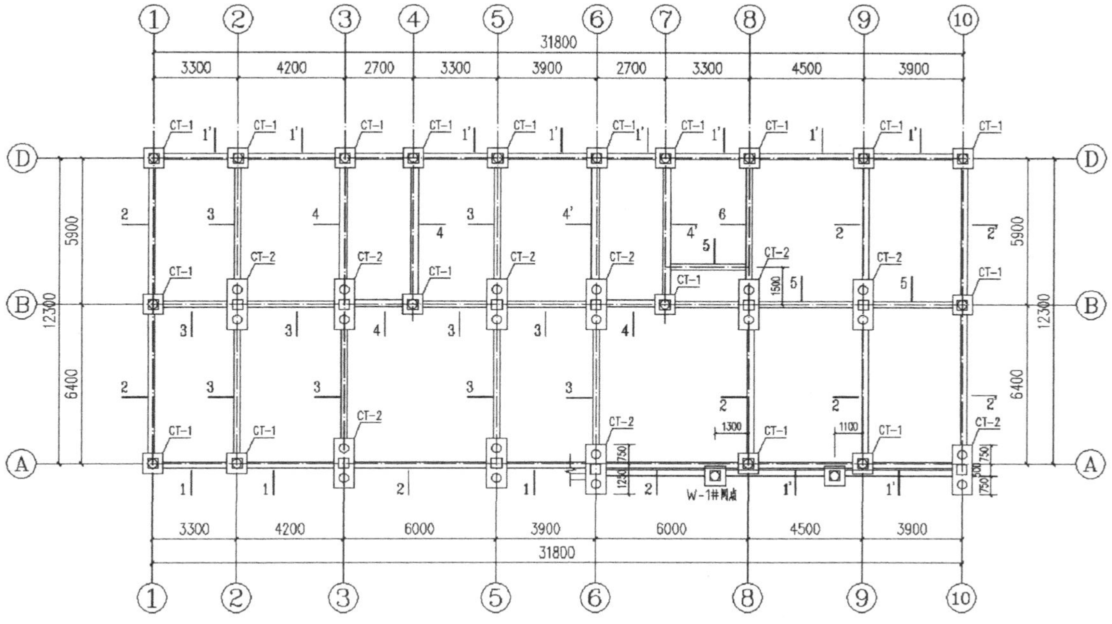

图 7-7　基础梁及剖号绘制完成后的桩基础平面布置图

任务 7.4 绘制基础承台截面配筋图

7.4.1 钢筋混凝土结构图图例

根据钢筋混凝土构件的具体特征，主要采用钢筋混凝土构件平面图、立面图和断面图等图示表达。在钢筋混凝土构件详图中，构件外形轮廓采用细实线表示，通常省略混凝土图例，而构件中所选配的钢筋采用粗实线或黑圆点表示。构件的表示方法见表 7-1。

表 7-1 构件的表示方法

序号	名　称	图 示 方 法
1	钢筋的横断面	•
2	无弯钩的钢筋端部	————————
3	预应力钢筋断面	+
4	预应力钢筋或钢绞线	—— – – ——
5	带半圆形弯钩的钢筋端部	
6	带直钩的钢筋端部	
7	带丝扣的钢筋端部	
8	无弯钩的钢筋搭接	 或 
9	带半圆形弯钩的钢筋搭接	 或 
10	带直钩的钢筋搭接	 或 

7.4.2 钢筋的标注

钢筋的标注应标注出钢筋的编号、代号、直径、根数、间距等，如图 7-8 所示。为了区分各种类型的配筋，应在标注时对构件中所配钢筋加以编号。编号的标注方法：结构配筋在图中各类钢筋合适的部位上，用细实线引出，并在引出线尾端画一个直径为 6 mm 的细实线圆，用阿拉伯数字将钢筋编号注写在圆中，之后可以把“钢筋编号”定义成带属性的块，方便以后使用。

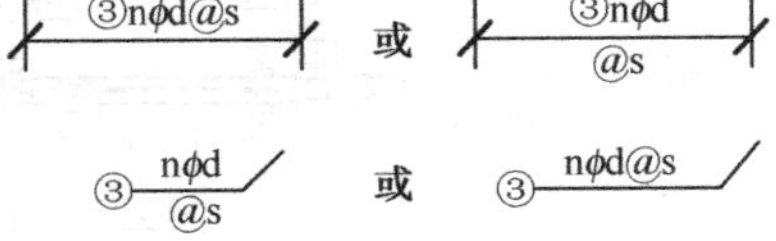

图 7-8 钢筋的标注

7.4.3 钢筋符号的输入

若安装的 AutoCAD 中不能输入Φ Φ Φ Φ^{R}等钢筋符号，可采用如下方法：

（1）下载相应字体，如 Tssdeng、HZTXT 等字体。

（2）将字体文件复制到 CAD 的安装目录 Fonts 文件夹中。

（3）常见的钢筋符号可用单行文字输入以下字符生成。

%%130：Ⅰ级钢筋

%%131：Ⅱ级钢筋

%%132：Ⅲ级钢筋

%%133：Ⅳ级钢筋

%%130%%145ll%%146：冷轧带肋钢筋

%%130%%145j%%146：钢绞线符号

这种输入方法存在没有字库、无法显示的问题，可以自己绘制钢筋符号，组成块。下面介绍钢筋符号的绘制方法：

（1）绘制一个直径为 2.1 mm 的圆、一条长度为 3.5 mm 的垂直线，作为直径符号，绘制结果如图 7-9（a）所示。

（2）在直径符号的下面绘制一条水平细实线，长度为 4.2 mm，将水平直线放置在合适位置，如图 7-9（b）所示。二级钢筋符号绘制完毕。

（3）在二级钢筋符号的基础上，绘制三级钢筋符号和四级钢筋符号。

将二级钢筋符号的竖线向左、右分别偏移 3.2 mm，删除中间的竖线。三级钢筋符号绘制完成，如图 7-9（c）所示。将三级钢筋符号的水平线向上偏移 3.5 mm，四级钢筋符号绘制完成，如图 7-9（d）所示。

（4）可以把它们定义成带属性的块。

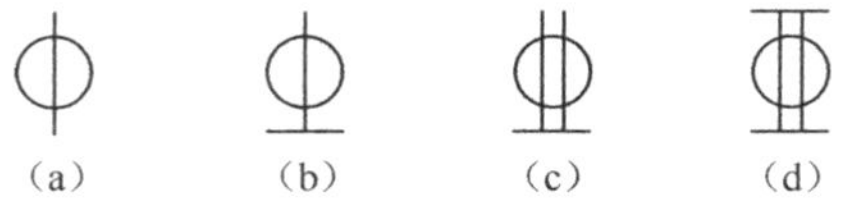

图 7-9　钢筋符号

7.4.4　承台 CT-1 平面及截面配筋图的绘制

承台详图绘制比例为 1 : 30。钢筋绘制用 Pl 线并对其进行线宽加粗，如图 7-10 所示。

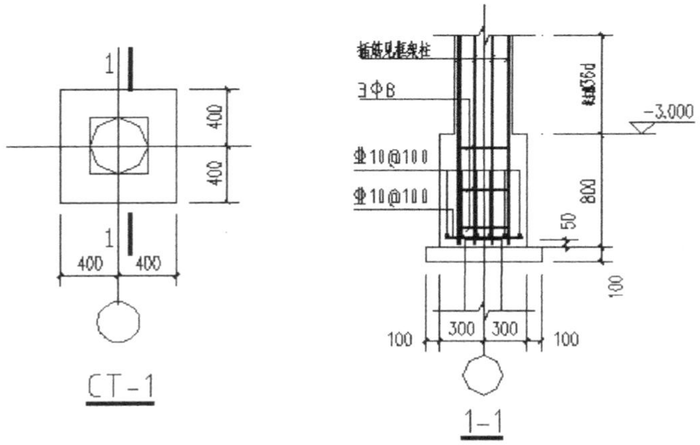

图 7-10　承台 CT-1 平面及截面配筋图

7.4.5 承台 CT-2 平面及截面配筋图的绘制

承台详图绘制比例为 1 : 30。钢筋绘制用 Pl 线并对其进行线宽加粗，如图 7-11 所示。

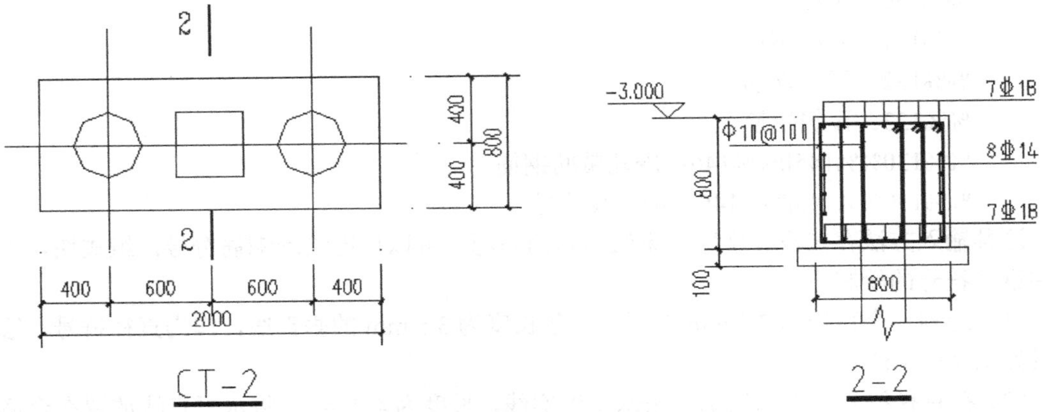

图 7-11　承台 CT-2 平面及截面配筋图

任务 7.5　绘制基础梁配筋图

绘制如图 7-12 所示的梁断面图。

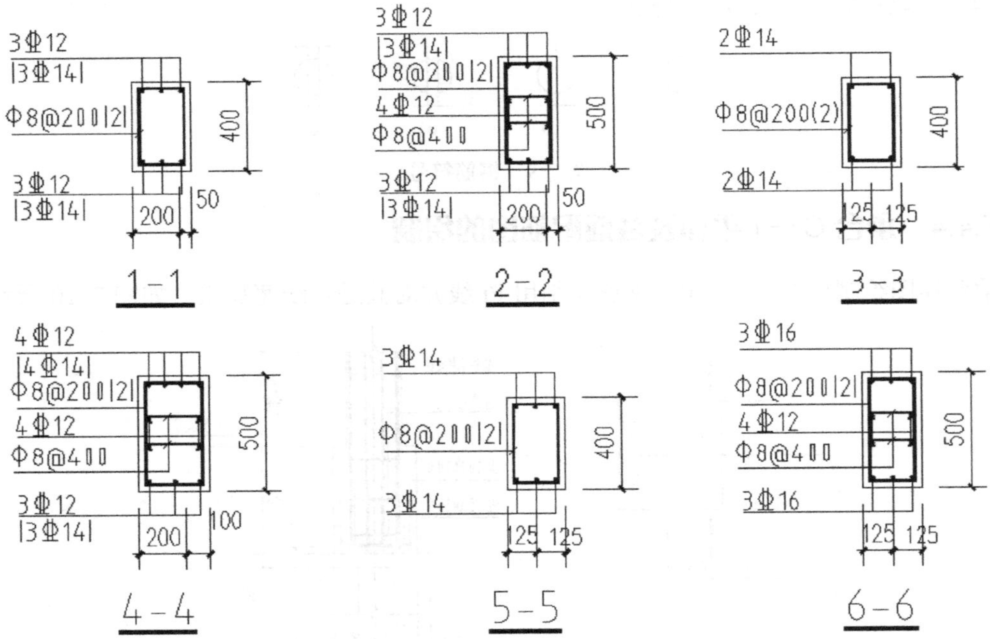

图 7-12　梁断面图

下面以图 7-12 中 1-1 梁配筋图为例，讲解钢筋混凝土梁断面图的绘制过程。

（1）设置线型为“细实线”，选择“绘图”工具栏上的“矩形”按钮，绘制 250 mm×400 mm

的矩形，完成梁 1-1 断面外轮廓线的绘制，绘图比例为 1 : 25，如图 7-13 所示。

（2）保护层厚度为 25 mm，将外轮廓线向内偏移 25 mm，设置偏移后的箍筋轮廓线的全局宽度为 8 mm，箍筋绘制完成，如图 7-14 所示。

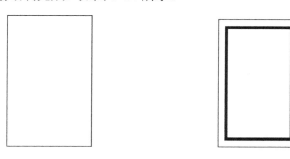

图 7-13　梁断面图外轮廓线

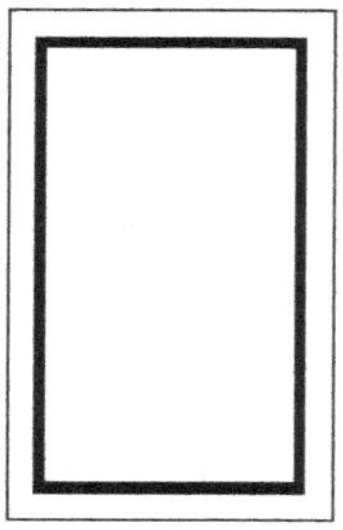

图 7-14　箍筋轮廓线

（3）选择“绘图”菜单中的“圆环”命令（或命令 DONUT），绘制钢筋断面，钢筋均匀分布。绘制结果如图 7-15 所示。

钢筋断面原点的绘制命令如下：

```
命令: _donut
指定圆环的内径 <70.8445>: 0
指定圆环的外径 <12.0000>:
```

（4）绘制钢筋标注引出线。

单击“绘图”工具栏上的“直线”按钮，绘制标注的引出线，如图 7-16 所示。

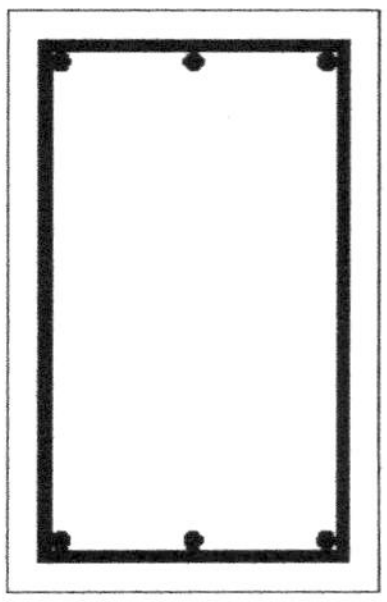

图 7-15　钢筋断面图

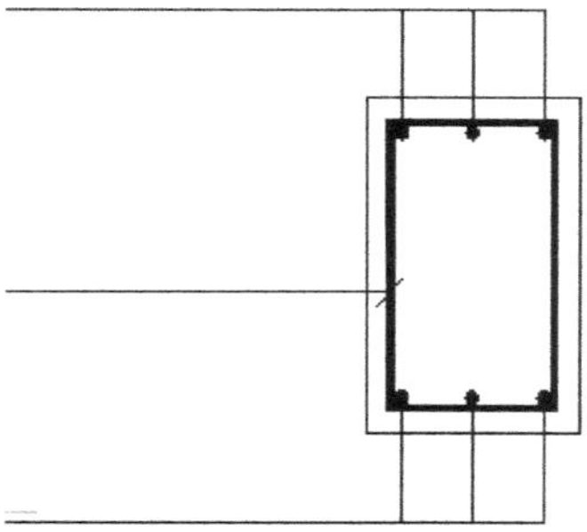

图 7-16　标注引出线

（5）注写钢筋型号及尺寸标注，如图 7-17 所示。1-1 梁配筋断面图绘制完成。

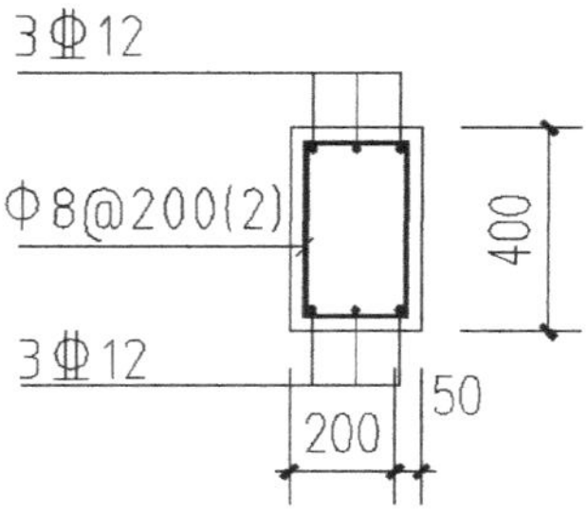

图 7-17　1-1 梁配筋断面图

实训任务 7

1．绘制如图 7-18 所示的基础剖面图。

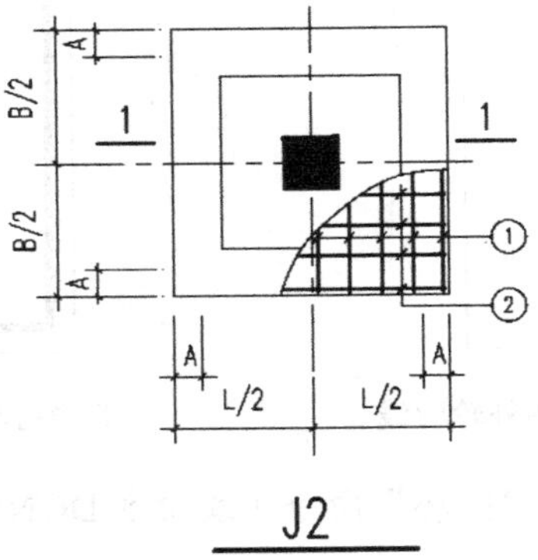

图 7-18　基础剖面图

2．绘制如图 7-19 所示的基础竖向截面图。

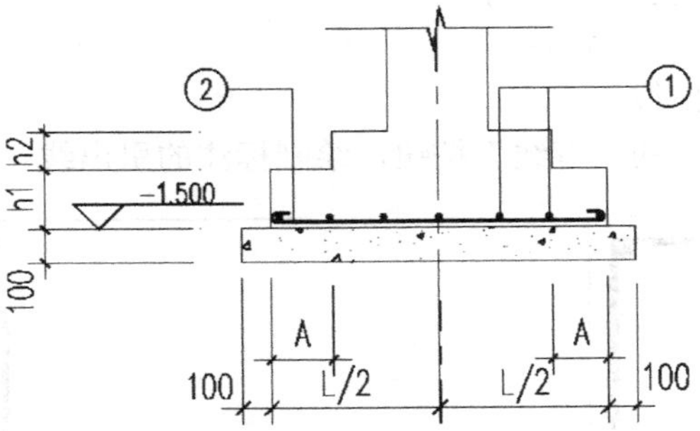

图 7-19　基础竖向截面图

项目8 柱平面配筋图的绘制

本工程框架柱平面配筋图采用列表注写法，柱的名称和尺寸在柱平面图中表示，而柱的配筋则全部采用列表的方式表示，即柱表。柱平面配筋图主要包括三部分内容：柱平面布置图、柱表和柱箍筋类型图。

为方便绘图和管理，新建 6 个图层：

（1）轴线图层——绘制轴网；

（2）标注图层——进行尺寸标注；

（3）文字图层——输入文字；

（4）柱图层——绘制柱的轮廓线；

（5）柱大样图层——绘制柱大样图；

（6）柱表图层——绘制柱表。

任务 8.1　绘制柱平面图

由于之前已经绘制过桩基础平面布置图，因此这里可以打开之前创建的基础轴网样板文件，打开方法为：执行菜单命令“文件”→“新建”，打开“选择样板文件”对话框，找到之前保存的“轴网样板”文件，打开后如图 8-1 所示。

本工程中柱的类型有 KZ-1、KZ-2、KZ-3、KZ-4、KZ-5、KZ-6、KZ-7、KZ-8，绘制方法都相同，这里以 KZ-1 为例介绍柱施工图的绘制方法。

KZ-1 的绘制包括柱平面、引线、名称、标注的绘制。操作步骤如下：

（1）柱的轮廓采用矩形命令绘制。

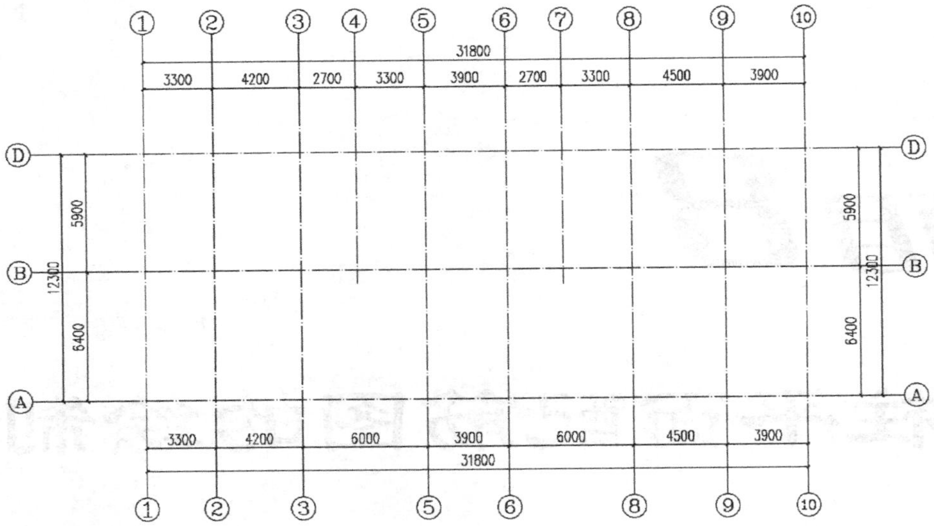

图 8-1　打开的轴网样板文件

（2）用直线命令绘制引线。

（3）用单行文字输入名称 KZ-1。

（4）采用之前创建的标注样式进行尺寸标注。绘制完成的 KZ-1 如图 8-2 所示。

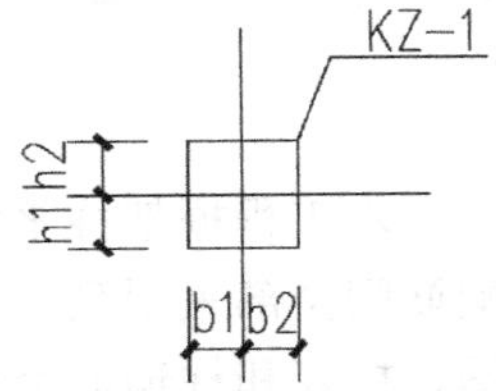

图 8-2　KZ-1 平面图

（5）按照 KZ-1 的绘制方法绘制 KZ-2、KZ-3、KZ-4、KZ-5、KZ-6、KZ-7、KZ-8，利用移动和复制操作，完成柱网。

（6）用多行文字输入图名和比例。

完成后的柱平面布置图如图 8-3 所示。

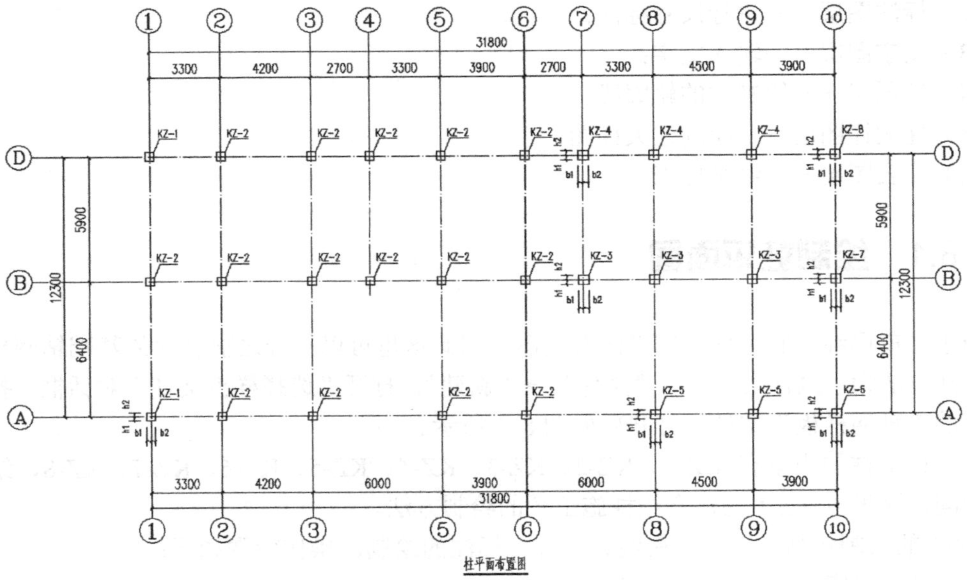

图 8-3　柱平面布置图

任务 8.2　绘制柱表

柱表的表框可采用表格命令完成，操作方法参照任务 2.7 中介绍的表格绘制方法。绘制完成的柱表如表 8-1 所示。

表 8-1　柱表

柱号	标高	b×h（bi×hi）圆柱直径 D	b1	b2	h1	h2	全部纵筋	角筋	b 边一侧的中部筋	h 边一侧的中部筋	箍筋类型号	箍筋	备注
KZ-1	-2.300～0.040	400×400	200	200	200	200	8Φ16				3	ϕ8@100/200	
	-0.040～3.260	400×400	200	200	200	200		4Φ18	1Φ18	1Φ16	3	ϕ8@100/200	
	3.260～6.560	400×400	200	200	200	200		4Φ18	2Φ16	1Φ16	3	ϕ8@100/200	
	6.560～9.900	400×400	200	200	200	200		4Φ18	1Φ16	1Φ16	3	ϕ8@200/200	
KZ-2	-2.300～9.900	400×400	200	200	200	200	8Φ16				3	ϕ8@100	
KZ-3	-2.300～3.260	450×450	225	225	225	225		4Φ18	1Φ16	1Φ16	3	ϕ8@100/200	
	3.260～9.900	400×400	200	200	200	200	8Φ16				3	ϕ8@100/200	
KZ-4	-2.300～3.260	450×450	225	225	250	200		4Φ18	1Φ16	1Φ16	3	ϕ8@100	
	3.260～9.900	400×400	200	200	200	200	8Φ16				3	ϕ8@100	
KZ-5	-2.300～3.260	450×450	225	225	200	250		4Φ18	1Φ16	1Φ16	3	ϕ8@100/200	
	3.260～9.900	400×400	200	200	200	200	8Φ16				3	ϕ8@100/200	
KZ-6	-2.300～0.040	450×450	250	200	200	250		4Φ22	1Φ18	1Φ18	3	ϕ8@100/200	
	-0.040～3.260	450×450	250	200	200	250		4Φ18	1Φ18	1Φ16	3	ϕ8@100/200	
	3.260～6.560	400×400	200	200	200	200		4Φ18	1Φ18	1Φ16	3	ϕ8@100/200	
	6.560～9.900	400×400	200	200	200	200		4Φ18	1Φ16	1Φ16	3	ϕ8@100/200	
KZ-7	-2.300～0.040	450×450	250	200	225	225		4Φ20	1Φ16	1Φ16	3	ϕ8@100/200	
	-0.040～3.260	450×450	250	200	225	225		4Φ18	1Φ16	1Φ16	3	ϕ8@100/200	
	3.260～9.900	400×400	200	200	200	200	8Φ16				3	ϕ8@100/200	
KZ-8	-2.300～0.040	450×450	250	200	250	200		4Φ22	1Φ20	1Φ18	3	ϕ8@100/200	
	-0.040～3.260	450×450	250	200	250	200		4Φ18	1Φ18	1Φ16	3	ϕ8@100/200	
	3.260～9.900	400×400	200	200	200	200		4Φ18	1Φ18	1Φ16	3	ϕ8@100/200	

任务 8.3　绘制柱箍筋类型图

当柱箍筋比较复杂时，除了在柱表中列出箍筋的配筋方式外，还应该单独绘制柱箍筋大样，因为配筋方式相同的箍筋也有不同的构造。本框架柱的箍筋类型有 5 个，如图 8-4 所示。

以箍筋类型 1 为例，介绍其绘制方法，如下所示：

（1）用矩形命令绘制@400*400 的矩形，绘制柱轮廓，如图 8-5（a）所示。

（2）利用偏移命令，完成最外围的矩形箍筋，并加粗，如图 8-5（b）所示。

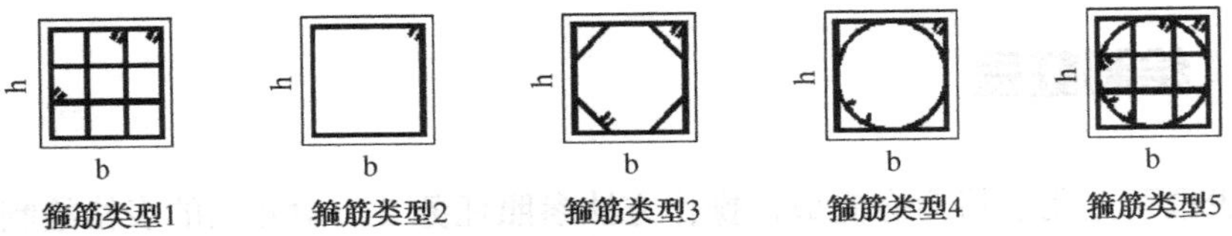

图 8-4 箍筋类型

（3）利用定数等分点，将箍筋的每一条边等分成三等份，利用直线命令完成中间的各肢箍筋，并加粗，如图 8-5（c）所示。

（4）利用直线命令绘制箍筋的弯钩，倾斜角度为 45°，如图 8-5（d）所示。

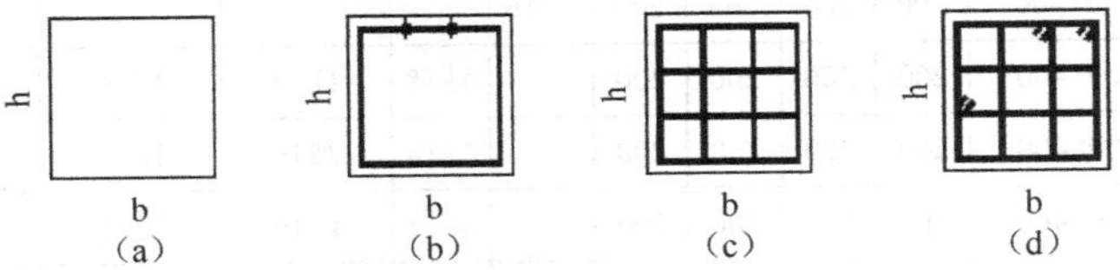

图 8-5 箍筋类型 1 的绘制过程

实训任务 8

绘制柱表，如表 8-2 所示。

表 8-2 绘制柱表

柱号	标 高	b×h	角筋	b 边一侧中部筋	h 边一侧中部筋	箍筋类型号	加密区箍筋/半加密区箍筋	备 注
KZ-1 KZ-1q	基础面～12.600	450×450	4Φ18	1Φ18	1Φ18	1（3×3）	φ6@100/200	基础面～1.500 柱子箍筋为 Φ8@100 KZ-1q 柱子箍筋全高加密
KZ-2	基础面～4.470	450×450	4Φ22	2Φ18	2Φ18	1（4×4）	φ8@100/200	
	4.470～8.970	450×450	4Φ18	1Φ18	1Φ18	1（4×4）	φ6@100/200	
	8.970～12.600	450×450	4Φ22	2Φ18	2Φ18	1（4×4）	φ6@100/200	
KZ-3	基础面～4.470	450×450	4Φ25	4Φ20	4Φ20	1（4×4）	φ6@100/200	
	4.470～8.970	450×450	4Φ20	1Φ18	1Φ18	1（4×4）	φ6@100/200	
	8.970～12.600	450×450	4Φ22	2Φ18	2Φ18	1（4×4）	φ6@100/200	

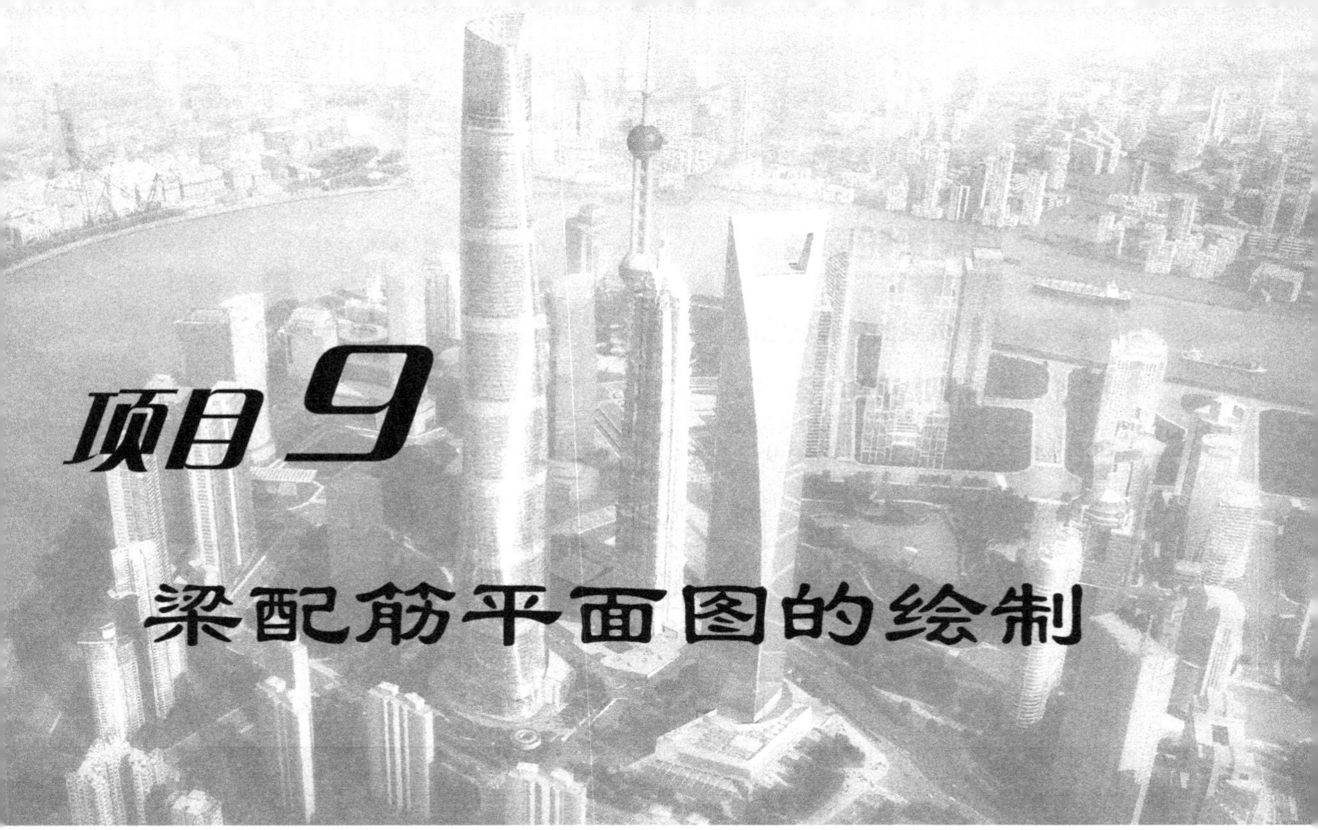

项目9 梁配筋平面图的绘制

梁平面图包括轴网（包括柱网在内）、梁轮廓线和图中文字。梁平法施工图是在梁平面布置图上采用平法注写方式或截面注写方法表达梁的截面形状、尺寸、配筋等信息的方法。本项目主要介绍 3.260 m 梁配筋平面图的绘制方法。

任务 9.1 绘制梁轴网

由于柱是梁的支座，梁的原位标注的钢筋将在柱负筋标注，故可以将柱平面图复制过来，删除柱名和标注，保留轴网和柱网，并添加辅助轴线和标注完成梁的轴网，如图 9-1 所示。

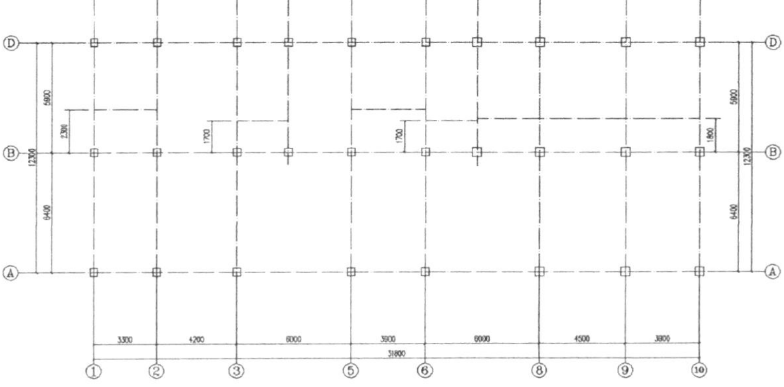

图 9-1 梁的轴网

任务 9.2　绘制梁轮廓线

用多线命令完成梁的轮廓线绘制。

9.2.1　绘制四周的边梁

利用 ML 线绘制边梁，如图 9-2 所示。

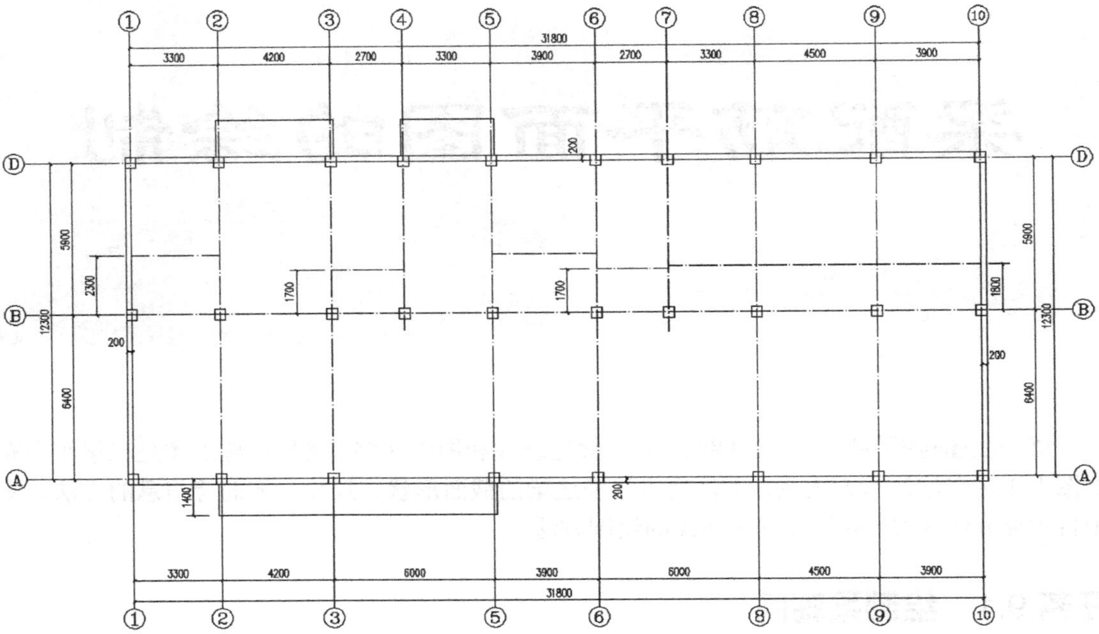

图 9-2　边梁的绘制

（1）设置多线样式，建立新的多线样式，名为 200，置为当前。具体步骤参照任务 2.11 中多线的设置。

（2）绘制多线，命令如下：

```
命令: ml MLINE
当前设置: 对正 = 下, 比例 = 1.00, 样式 = 200
指定起点或 [对正(J)/比例(S)/样式(ST)]:
```

9.2.2　绘制其他梁

采用与绘制边梁相同的方法将所有梁的轮廓线绘制完成后，将交点处进行修剪，如图 9-3 所示。

任务 9.3　梁的配筋平面注写法

平面注写方式是指在梁平面布置图上分别于不同编号的梁中各选一根梁，在其上注写截面尺寸和配筋具体数值的方式。平面注写包括集中标注、原位标注。

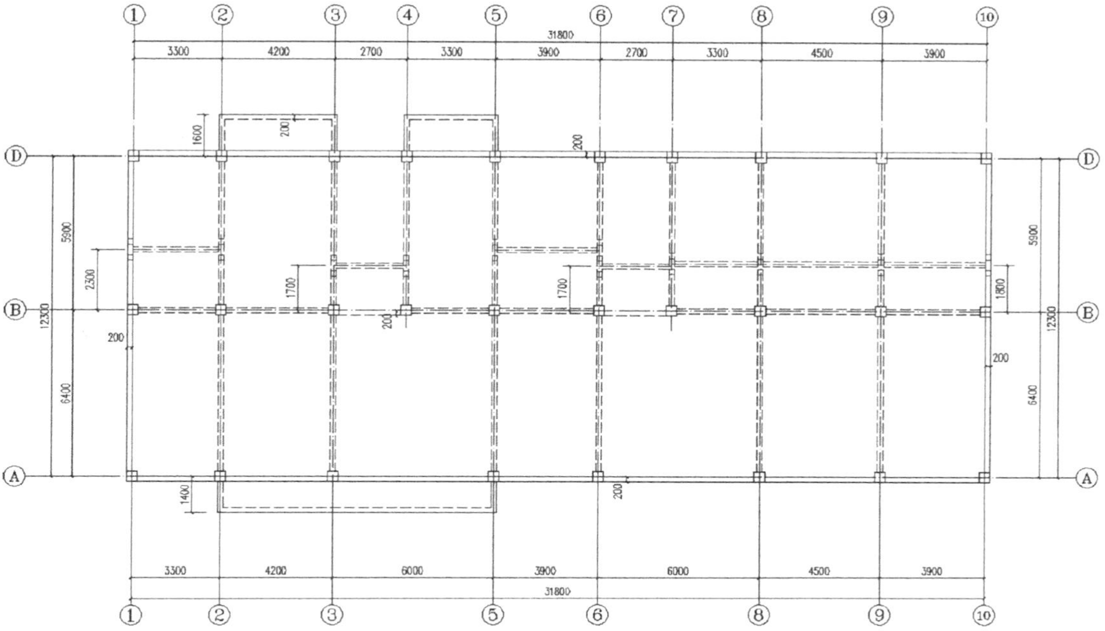

图 9-3　完成后的梁平面图

9.3.1　集中标注

1．梁编号

梁编号为必注值，编号方法如表 9-1 所示。表中 XXA 为一端悬挑，XXB 为两端悬挑，悬挑不计入跨数。

表 9-1　梁编号

梁类型	代号	序号	跨数及是否带有悬挑
楼层框架梁	KL	XX	（XX）、（XXA）或（XXB）
屋面框架梁	WKL	XX	
框支梁	KZL	XX	
非框架梁	L	XX	
悬挑梁	XL	XX	
井字梁	JZL	XX	

2．梁截面尺寸

梁截面尺寸为必注值，用 b×h 表示。悬挑梁根部和端部的高度不相同时，用斜线分隔根部与端部高度，用 b×h1/h2 表示。加腋梁用 b×h Yc1×c2 表示，c1 为腋长，c2 为腋高。

3．梁箍筋值

梁箍筋值为必注值，包括箍筋级别、直径、加密区与非加密区间距及肢数。箍筋加密区与非加密区的不同间距及肢数需用“/”分开，箍筋肢数应写在括号里。

4．梁上部通长筋和架立筋配置

此项为必注值，当同排纵筋中既有通长筋又有架立筋时，应用“+”将通长筋（角部纵筋写在加号前）和架立筋（写在加号后面括号内）相连。当梁的上部纵筋和下部纵筋均为通长筋时，一般在集中标注中用“;”将上部通长筋和下部通长筋相连，即“上部通长筋；下部通长筋”。

5．梁侧面纵向钢筋

此项为必注值，当梁腹板高度 hw≥450 mm 时，应该注写构造钢筋，用 G 开头，连续注写配置在梁两个侧面的总筋，且对称配置。当梁需配置受扭钢筋时，用 N 开头，连续注写配置在梁两个侧面的总筋，且对称配置。

6．梁顶面标高高差

此项为选注值。梁顶面标高高差是指相对于结构层楼面标高的高差值。有高差时，将高差写入括号内，无高差时不标注。

以 KL6 为例，进行集中标注。在梁的轮廓线中绘制一条垂直的直线，用多行文字输入集中标注的文字，如图 9-4 所示。

图 9-4　KL6 集中标注

9.3.2　原位标注

1．梁上部纵筋

当上部纵筋多于 1 排时，用“/”将各排纵筋自上而下分开；当同排纵筋有两种直径时，用“+”将两种直径纵筋相连，角部纵筋写在前面。当梁中间支座两边的上部纵筋不同时，须在支座两边分别标注；当梁中间支座两边的上部纵筋相同时，可仅在支座的一边标注配筋值。

2．梁下部纵筋

当下部纵筋多于 1 排时，用“/”将各排纵筋自上而下分开；当同排纵筋有两种直径时，用“+”将两种直径纵筋相连，角筋写在前面。当梁下部纵筋不全部伸入支座时，将梁支座下部纵筋减少的数量写在括号内。

3．附加箍筋和吊筋

附加箍筋和吊筋将直接画在平面图的主梁上。

图 9-5 所示为 KL6 的原位标注。

按照上述方法依次完成所有的集中标注和原位标注，从而完成梁的平面配筋图，如图 9-6 所示。

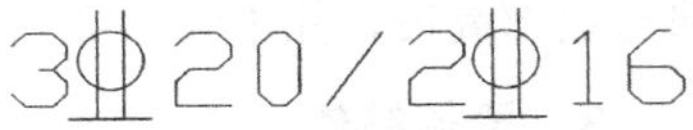

图 9-5　KL6 的原位标注

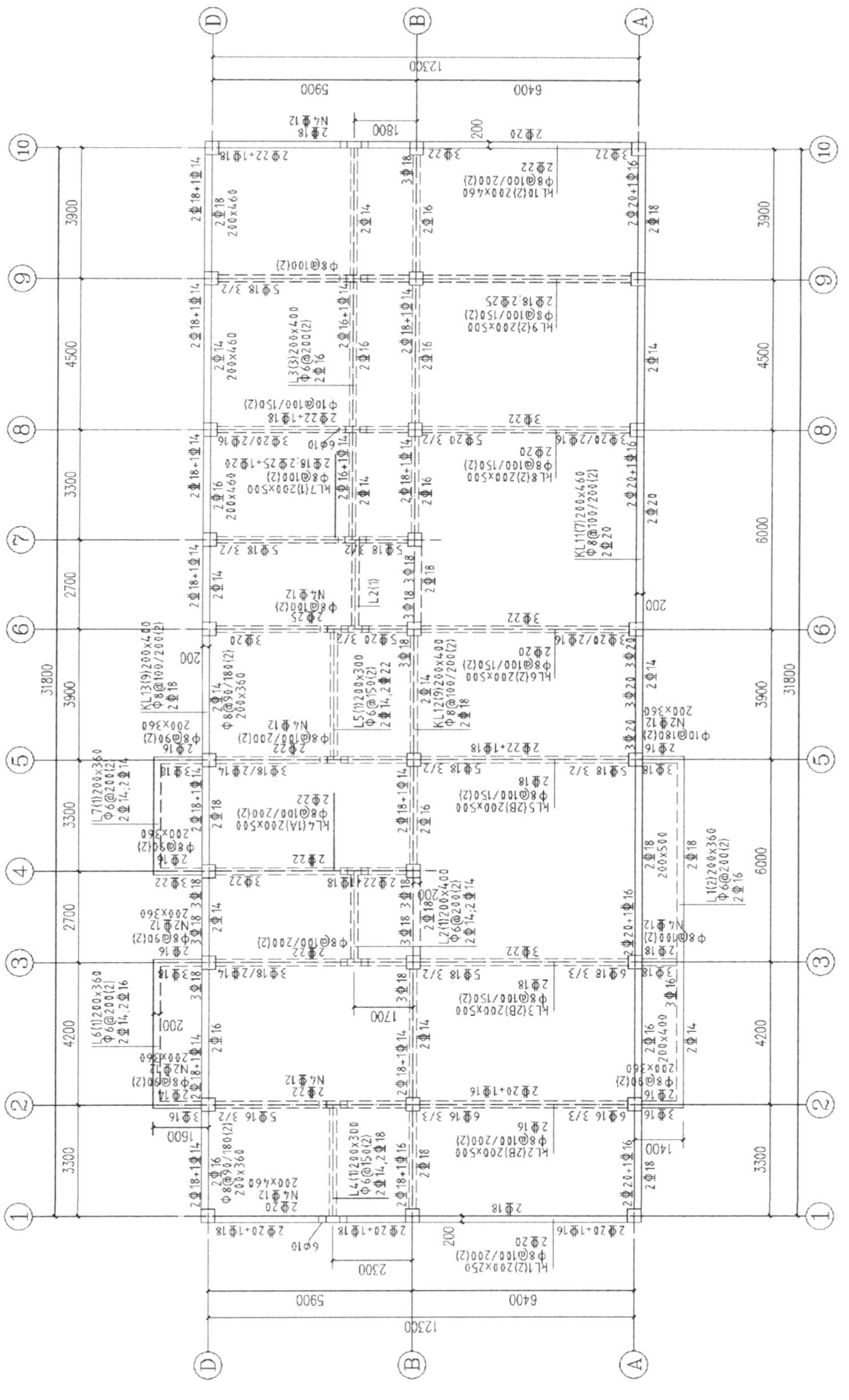

3.260米梁配筋平面图

图9-6 梁平面配筋图

实训任务 9

绘制如图 9-7 所示的梁平面配筋图。

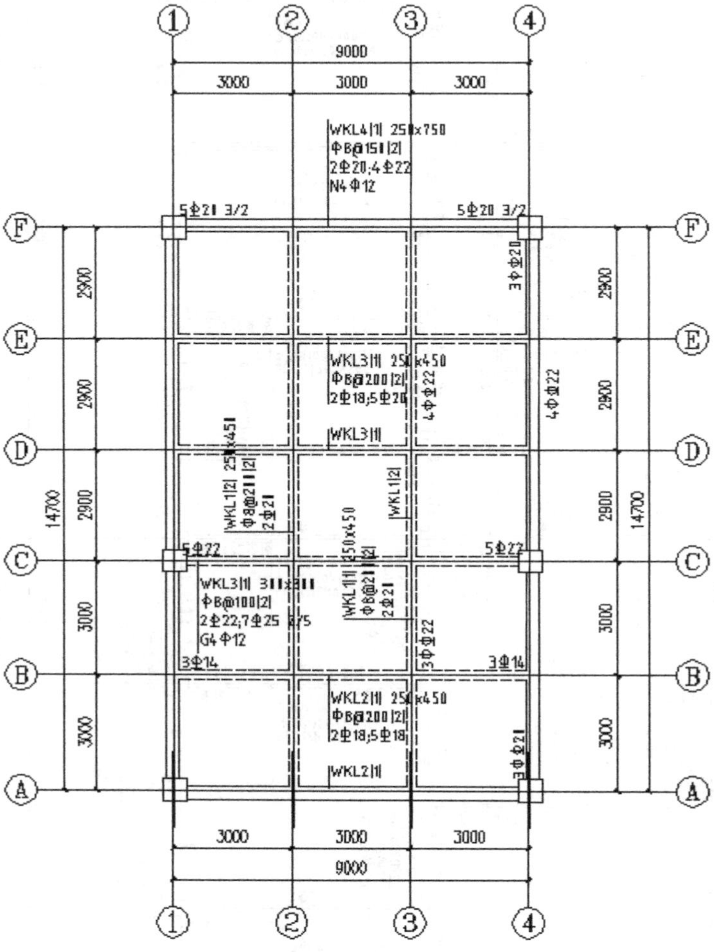

图 9-7　绘制梁平面配筋图

项目 10 板配筋平面图的绘制

板平面配筋图包括轴网（包括梁平面在内）、板平面图、板的钢筋标注、板下的过梁大样、板下的构造柱大样、楼层表、板设计说明等。板平面配筋图的图层设置、文字样式和标注样式可以沿用梁平面配筋图的，此处不再另行设置。本项目主要介绍 3.260 米板配筋平面图的绘制方法。

任务 10.1 绘制板的轴网

由于梁是板的支座，板的负筋将在梁负筋绘制，故板的轴网应包含梁在内，可以将梁的平面图直接复制过来，删除梁的标注完成板的轴网，如图 10-1 所示。

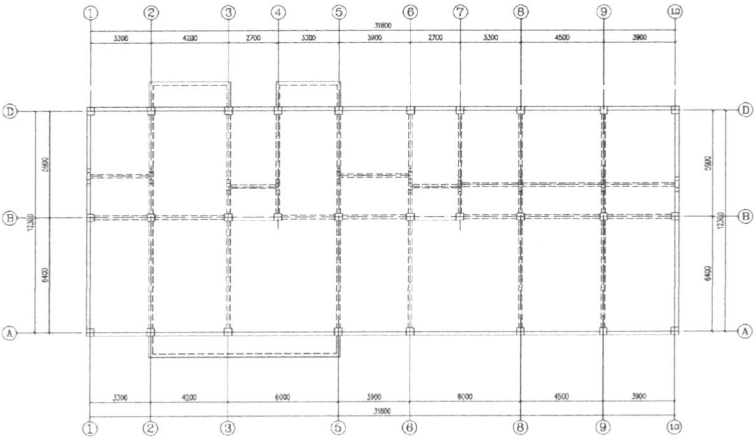

图 10-1 板的轴网

任务 10.2　绘制板钢筋

板的钢筋直接在相应的位置用多段线绘制即可。板的钢筋很多，可以分为 4 种类型：上部 *X* 向钢筋、上部 *Y* 向钢筋、下部 *X* 向钢筋、下部 *Y* 向钢筋。这 4 种钢筋的画法基本相同，区别是钢筋的弯钩不同。在钢筋混凝土板配筋绘图中，钢筋两端弯钩向上或向左，表示钢筋配置在板的底层，向下或向右，则表示钢筋配置在顶层；相同钢筋均匀分布时，则只画一根，但必须注明分布，如果在图中不能清楚地标明钢筋的布置和形状，应在图外增画钢筋成型图；钢筋的标注可采用就近标注或引出标注，并将有关钢筋的编号、代号、直径、尺寸、数量、间距及所在位置进行标注。

4 种钢筋的表示方法如图 10-2 所示。

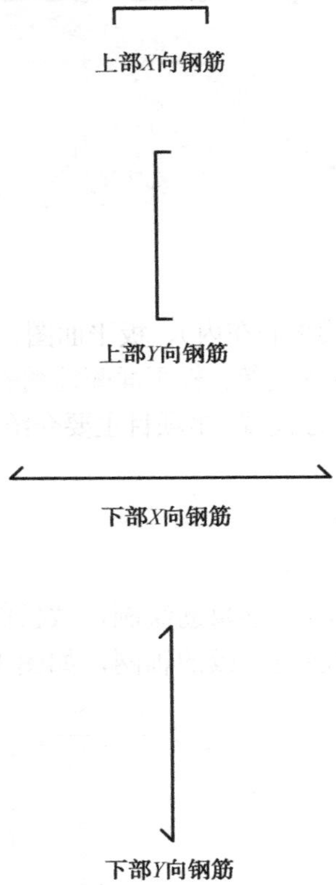

图 10-2　4 种钢筋的表示方法

依次完成所有板的钢筋，并加上相应的文字标注，完成板配筋平面图，如图 10-3 所示。

实训任务 10

绘制如图 10-4 所示的板配筋平面图。

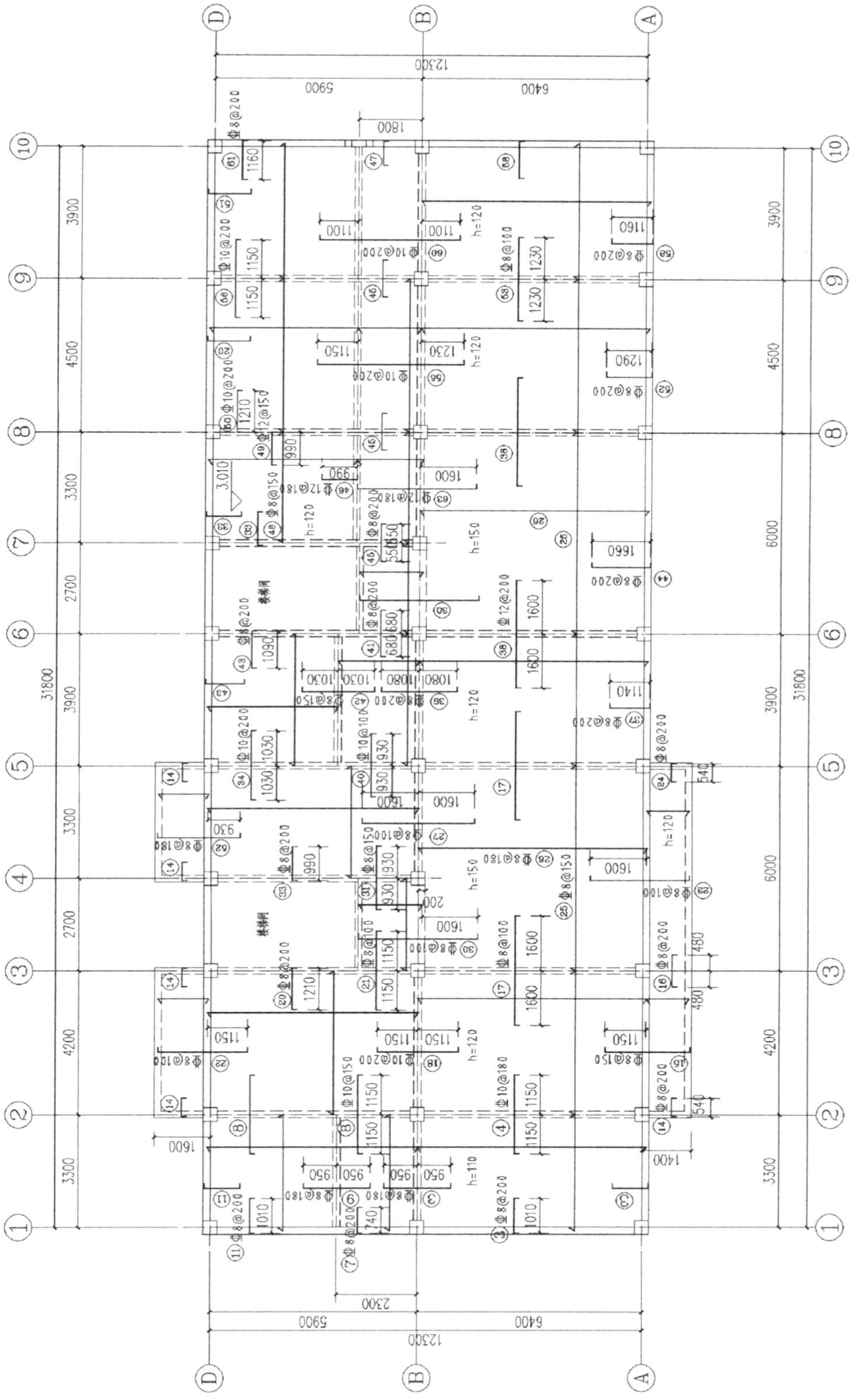

3.260米板配筋平面图

图10-3　板配筋平面图

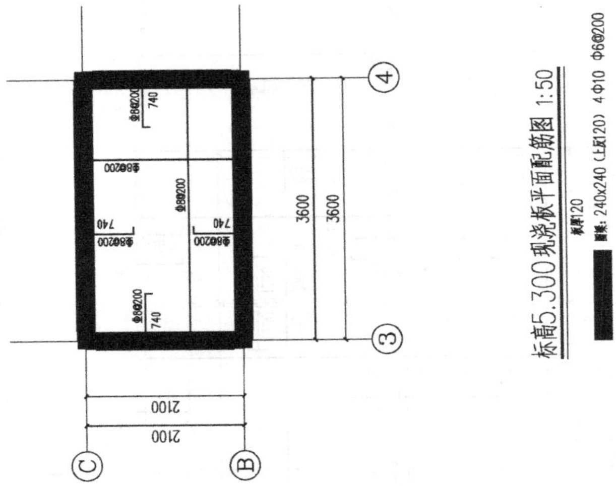
标高5.300现浇板平面配筋图 1:50
板厚120
圈梁: 240x240 (上皮120) 4Φ10 Φ6@200

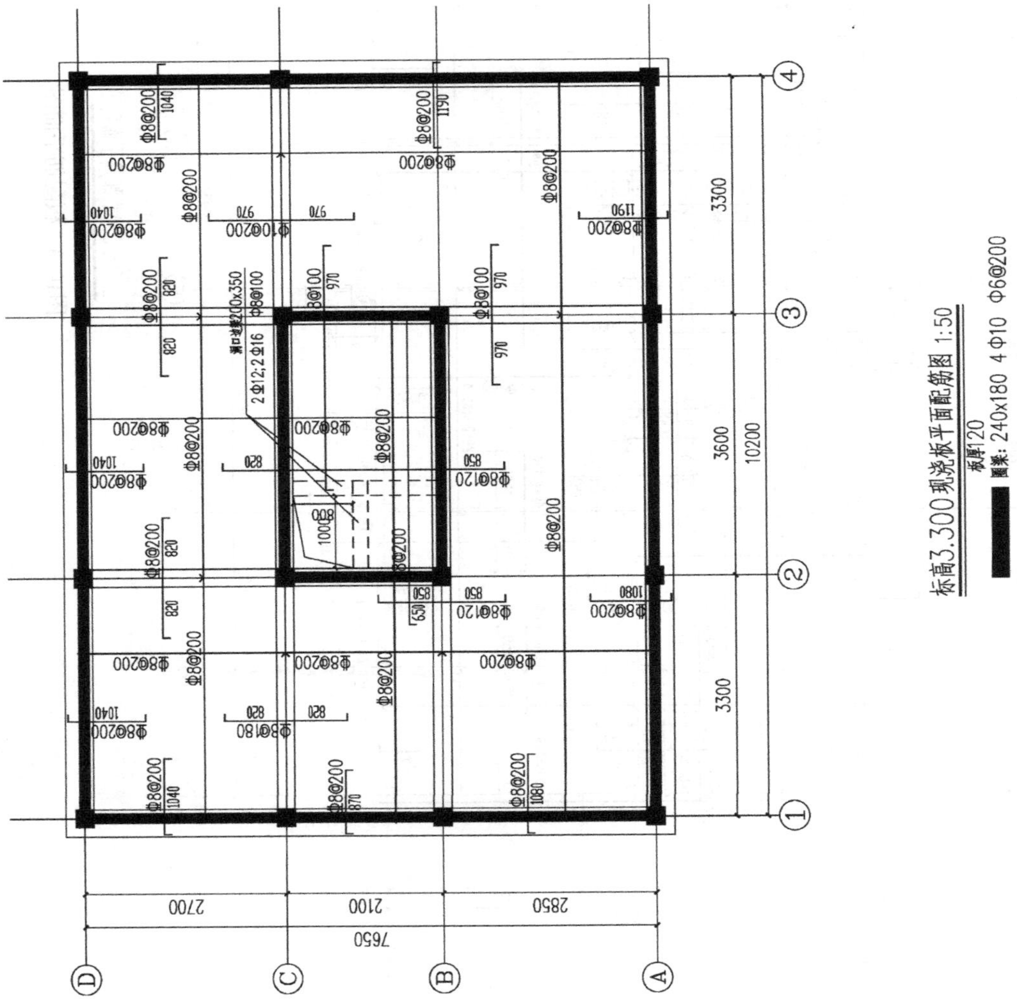
标高3.300现浇板平面配筋图 1:50
板厚120
圈梁: 240x180 4Φ10 Φ6@200

图 10-4 板配筋平面图

项目 11 绘制楼梯结构详图

楼梯结构详图主要由楼梯结构平面图、楼梯剖视图和楼梯结构配筋图组成，它主要表达了楼梯结构中楼梯梁、楼梯板、踏步和楼梯平台等的布置、结构、形状、尺寸、材料和配筋等，是楼梯施工的重要依据。

任务 11.1 绘制楼梯结构平面图

楼梯结构平面图是一个沿楼梯梁顶面水平剖切后向下投影形成的剖视图。它主要表达楼梯中的楼梯梁、楼梯板、踏步和楼梯平台等，图中反映它们的平面布置、代号、尺寸及标高。

楼梯结构平面图的图示范围、定位轴线、表达方法等与楼梯施工图基本一致。图中不可见轮廓线用细虚线表示，可见轮廓线用细实线表示，砖墙的断面采用中粗实线表示。对于多层房屋，应画出每层楼梯的结构平面图，若几层的楼梯形式相同，可任取一层楼梯的结构平面图，作为标准层楼梯结构平面图。楼梯结构剖视图的剖切符号通常在底层楼梯结构平面图中表示。

绘制如图 11-1 所示地下室楼梯结构平面图，绘图比例为 1 : 50。绘制步骤如下：

（1）设置图层，参照项目 3 中建筑平面图的图层设置；绘制定位轴线。

（2）绘制楼梯间的墙体轴线、轴线编号和墙体轮廓线。

（3）绘制台阶和扶手、折断符号和表明楼梯方向的箭头。

（4）绘制现浇楼梯板及钢筋标注。

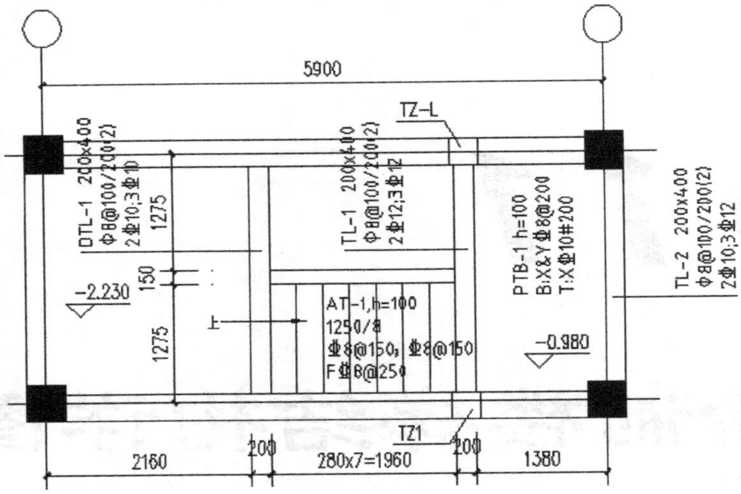

图 11-1　地下室楼梯结构平面图

任务 11.2　绘制楼梯结构剖视图

楼梯结构剖视图是一个沿着楼梯结构横向剖切而形成的剖视图。它表达了楼梯各承重构件的竖向布置、构造、断面形状和连接关系。楼梯结构剖视图可兼做配筋图，当图中不能详细表示楼梯板和楼梯梁的配筋时，应用较大比例另画出配筋详图。

如图 11-2 所示为楼梯结构剖视图，图中反映了在楼梯范围内被剖切到的楼梯结构，以及未被剖切到的楼梯结构情况，其他部位均省略表达。楼梯构件采用代号标注，为了清楚表示楼梯结构断面，图中比例通常采用 1 : 50、1 : 40、1 : 20 等。本图采用 1 : 50 的比例绘图，绘制步骤如下：

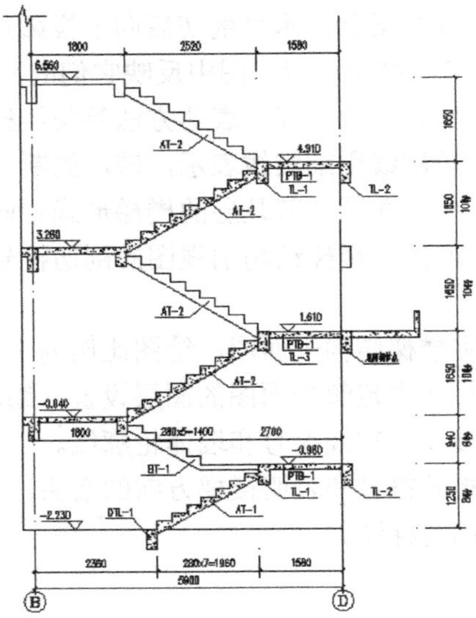

图 11-2　楼梯结构剖视图

（1）设置绘图环境，与绘制楼梯平面图一样。

（2）绘制承重结构的轴线和承重构件剖切到的与没有剖切到的轮廓，完成对剖视图的尺寸和文字标注。

（3）完成对剖切断面的材料填充，其中有砖墙和钢筋混凝土需要填充。砖墙和钢筋混凝土填充的参数设置参照任务 2.12 中的二次填充进行。绘制完成的结果如图 11-2 所示。

（4）雨棚节点处的配筋情况详见雨棚节点配筋图，如图 11-3 所示。

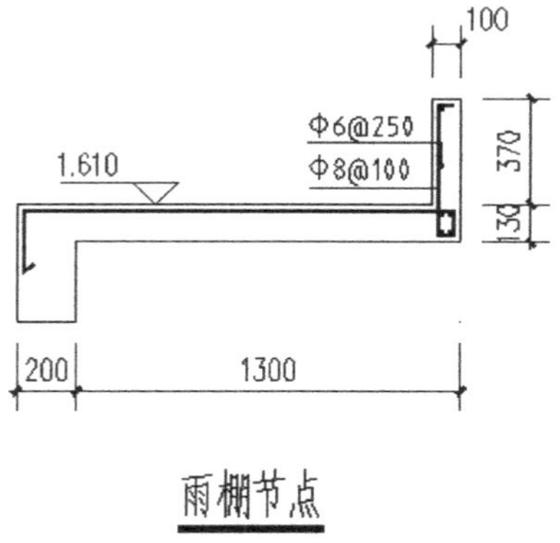

图 11-3　雨棚节点配筋图

任务 11.3　绘制楼梯配筋图

楼梯配筋图是楼梯结构图中主要的图样之一，它详细注明了楼梯各承重结构（如楼梯梁、楼梯板、楼梯平台等）的钢筋布置、形状、尺寸、代号、直径等。楼梯配筋图通常由楼梯梁配筋图、楼梯板配筋图和楼梯平台配筋图等组成。

在楼梯配筋图示表达中，楼梯结构轮廓采用细实线表示，钢筋采用粗实线表示，钢筋断面采用黑圆点表示。绘制如图 11-4 所示的楼梯配筋图，比例为 1 : 50，绘制步骤如下：

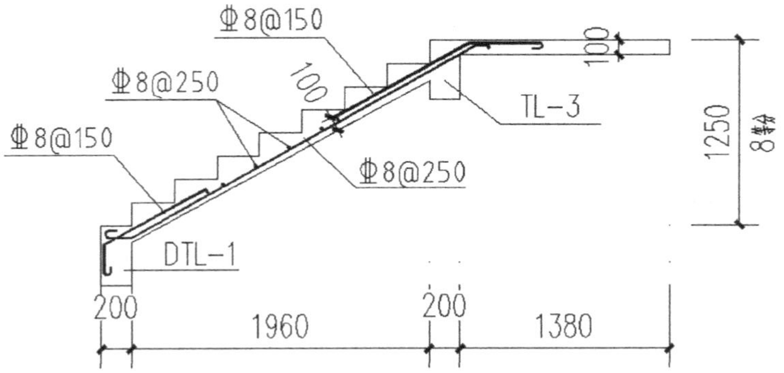

图 11-4　楼梯配筋图

（1）设置绘图环境，与绘制楼梯平面图一样。

（2）绘制楼梯板外轮廓，如图 11-5 所示。

（3）完成楼梯板和楼梯梁配筋图的绘制及标注，如图 11-4 示。

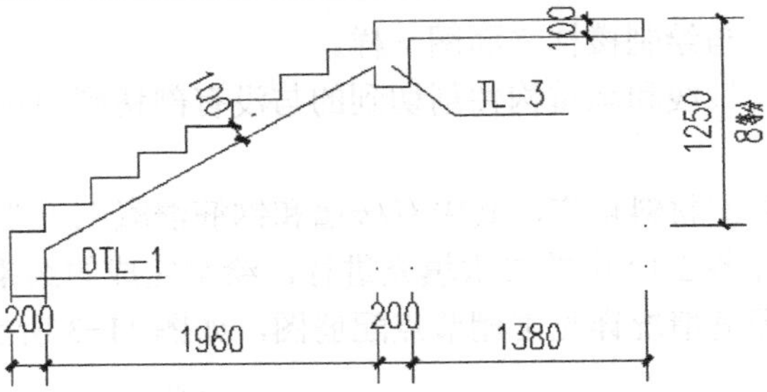

图 11-5　楼梯板外轮廓

实训任务 11

参照地下室楼梯结构平面图的绘制步骤，绘制如图 11-6 所示的底层楼梯结构平面图和图 11-7 所示的标准层楼梯结构平面图。

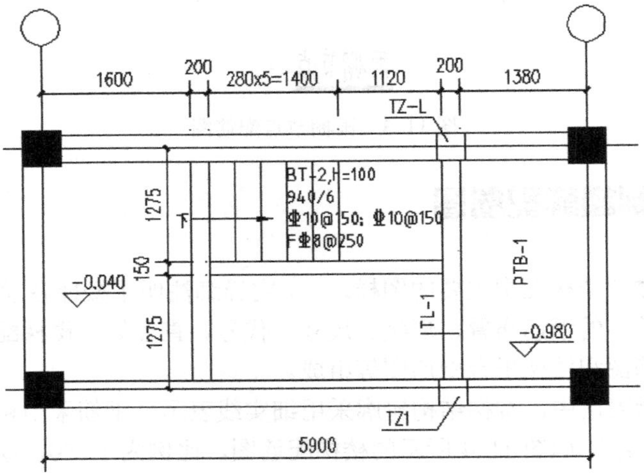

图 11-6　底层楼梯结构平面图

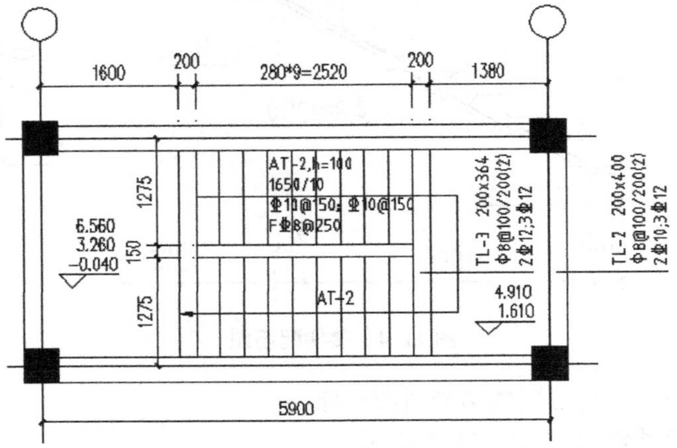

图 11-7　标准层楼梯结构平面图

参考文献

[1] 房屋建筑制图统一标准（GB/T 50001—2010）

[2] 王万德，张莺，刘晓光. 土木工程 CAD. 西安：西安交通大学出版社，2011

[3] 王中发. 建筑 CAD. 上海：上海交通大学出版社，2013

[4] 石晓梅，任晓辉. 土建工程 CAD. 西安：西北工业大学出版社，2013

反侵权盗版声明

电子工业出版社依法对本作品享有专有出版权。任何未经权利人书面许可，复制、销售或通过信息网络传播本作品的行为，歪曲、篡改、剽窃本作品的行为，均违反《中华人民共和国著作权法》，其行为人应承担相应的民事责任和行政责任，构成犯罪的，将被依法追究刑事责任。

为了维护市场秩序，保护权利人的合法权益，我社将依法查处和打击侵权盗版的单位和个人。欢迎社会各界人士积极举报侵权盗版行为，本社将奖励举报有功人员，并保证举报人的信息不被泄露。

举报电话：（010）88254396；（010）88258888

传　　真：（010）88254397

E-mail:　　dbqq@phei.com.cn

通信地址：北京市海淀区万寿路 173 信箱

　　　　　电子工业出版社总编办公室

邮　　编：100036